Kavin Palaniappan

Otimização e análise do transplantador manual de arroz

Kavin Palaniappan

Otimização e análise do transplantador manual de arroz

ScienciaScripts

Imprint

Any brand names and product names mentioned in this book are subject to trademark, brand or patent protection and are trademarks or registered trademarks of their respective holders. The use of brand names, product names, common names, trade names, product descriptions etc. even without a particular marking in this work is in no way to be construed to mean that such names may be regarded as unrestricted in respect of trademark and brand protection legislation and could thus be used by anyone.

Cover image: www.ingimage.com

This book is a translation from the original published under ISBN 978-620-2-00498-5.

Publisher:
Sciencia Scripts
is a trademark of
Dodo Books Indian Ocean Ltd. and OmniScriptum S.R.L publishing group

120 High Road, East Finchley, London, N2 9ED, United Kingdom
Str. Armeneasca 28/1, office 1, Chisinau MD-2012, Republic of Moldova, Europe
Printed at: see last page
ISBN: 978-620-7-76735-9

Índice:

Capítulo 1

INTRODUÇÃO

Embora os hábitos alimentares da população do Sul da Índia tenham mudado consideravelmente nas últimas décadas, o arroz continua a ser o seu alimento de base. O arroz é normalmente cultivado em zonas tropicais. É o cereal com a segunda maior produção mundial, a seguir ao milho, de acordo com dados de 2010. A cultura do arroz é adequada para países e regiões com custos mínimos de mão de obra e elevada pluviosidade, uma vez que o seu cultivo é intensivo em mão de obra e requer muita água. No entanto, o arroz pode ser cultivado praticamente em qualquer lugar, mesmo numa colina ou montanha íngreme, com a utilização de sistemas de terraços com controlo de água.

1.1 HISTÓRIA E DESENVOLVIMENTO

A Índia é o segundo maior produtor de arroz e o quarto maior exportador do mundo. Na Índia, Bengala Ocidental é o maior estado produtor de arroz. Os campos de arroz são uma visão comum em toda a Índia, tanto nas planícies do norte do Ganges como nos planaltos peninsulares do sul. O arroz é cultivado pelo menos duas vezes por ano na maior parte da Índia. O arroz pode atingir 1-1,8 m de altura. Tem folhas longas e delgadas com 50-100 cm de comprimento e 2-2,5 cm de largura.

A plantação de arroz é a operação mais importante e intensiva em mão de obra no cultivo. A prática atual de plantação de arroz consome uma enorme quantidade de mão de obra e tempo. Durante as épocas altas, devido à indisponibilidade de mão de obra a tempo, o atraso na plantação de sementes resulta em grandes perdas para o agricultor.

Além disso, a migração da mão de obra agrícola das zonas rurais agravou os problemas dos agricultores. Nos primeiros tempos, não havia melhoramentos científicos nem máquinas ou transplantadores inventados. As pessoas costumavam plantar as plantas de arroz manualmente, à mão. É um método que consome mais tempo. É mais difícil plantar as plântulas e é necessário um certo número de trabalhadores humanos.

As plântulas são preparadas para serem transplantadas no campo. A transplantação é feita segundo um dos dois métodos: aleatório ou em linha reta. No método aleatório, as plântulas são transplantadas sem uma distância ou espaço definido entre as plantas. O método da linha reta segue um espaçamento uniforme entre plantas. As plântulas são transplantadas em linhas rectas. Para que o espaçamento seja uniforme, é necessário utilizar guias de plantação. As guias de plantação são feitas de arame, fio e madeira. As guias de plantação são colocadas no campo antes da transplantação. Neste método, certifique-se de que as raízes e a base das plântulas são inseridas no solo mesmo debaixo do laço ou da marca no arame de plantação. Depois de plantar uma linha de plântulas, mover as guias para a linha seguinte e continuar a plantar. Para cada linha subsequente, recuar para trás. O marcador de madeira também é utilizado para transplantar em linhas rectas. Marcar as linhas com um marcador de madeira da largura desejada e com os dentes espaçados a vinte ou vinte e cinco centímetros. Puxar o marcador a direito ao longo do comprimento do campo e depois puxá-lo de novo perpendicularmente às primeiras marcações. Plantar as plântulas onde as linhas se cruzam. Quando toda a área estiver plantada, coloque as mudas extras em pequenos feixes ao longo do dique. Utilize-as mais tarde para replantar os montes perdidos dentro de dez dias após a transplantação. Mantenha o nível da água em cerca de um centímetro até que as plantas se recuperem em três a quatro dias. Se houver problemas como a infestação do caracol da macieira dourada, mantenha o solo saturado mas sem água parada.

Anteriormente, dizemos que podemos plantar as mudas ao acaso ou num espaçamento uniforme. As linhas direitas facilitam as práticas de gestão, como a monda manual ou rotativa e a aplicação de fertilizantes, herbicidas ou insecticidas. Mais importante ainda, obtemos um espaçamento ótimo entre plantas. O espaçamento ótimo depende da variedade, da estação e da fertilidade do solo. Não há um único tipo de espaçamento que seja melhor para todas as variedades. O espaçamento das plantas é um fator importante na transplantação do arroz. Um espaçamento correto pode aumentar o rendimento em vinte e cinco a trinta e nove por cento em relação a um espaçamento incorreto. Com um espaçamento adequado, pode poupar dinheiro em factores de produção, mão de obra e materiais. O espaçamento correto pode aumentar o rendimento do grão. Minimiza o sombreamento e regula a utilização da radiação solar para a fotossíntese.

Existem três factores importantes para o espaçamento das plantas. A variedade é o primeiro fator que determina o espaçamento entre plantas. Em função da estação do ano, as variedades de arroz altas, frondosas, com elevado perfilhamento e susceptíveis ao acamamento devem ser colocadas mais afastadas do que as variedades baixas, resistentes ao acamamento e insensíveis ao fotoperíodo. A estação do ano é o segundo fator. Plantar as plântulas mais perto durante os meses secos, quando a radiação solar é mais elevada, do que durante a estação das chuvas ou húmida. As plantas tornam-se mais vegetativas durante a estação das chuvas. Isto aumenta o sombreamento mútuo. A fertilidade do solo é o terceiro fator. Plantar as plântulas mais afastadas em solos férteis e mais próximas em solos pobres. A distância evita o sombreamento mútuo em solo fértil, enquanto as plantas cultivadas em solo pobre tendem a ter perfilhos, pelo que podem ser plantadas mais perto umas das outras.

Com os factores que contribuem para um bom rendimento, podemos afirmar que as variedades altas, folhosas e de plantio pesado são espaçadas: Durante a estação seca, vinte e cinco por vinte e cinco centímetros em solo relativamente pobre, trinta por trinta centímetros em solo fértil. Durante a estação das chuvas: trinta por trinta centímetros em solo relativamente pobre, trinta e cinco por trinta e cinco centímetros em solo fértil. Colocar as variedades curtas, resistentes ao acamamento e insensíveis ao fotoperíodo a vinte por vinte centímetros, independentemente da estação. No entanto, o espaçamento desejável em solos menos férteis deve ser de vinte por quinze centímetros ou de vinte por dez centímetros.

O outro método de cultivo de arroz é a sementeira direta. Neste método, centrar-nos-emos na sementeira direta de arroz com preparação de terra seca. Existem três técnicas de sementeira direta. São elas a difusão, a perfuração e o dibbling. Na sementeira direta, são utilizados oitenta a cem quilos de sementes por hectare, uniformemente no campo ou em sulcos, num campo de um hectare. Fazer sulcos pouco profundos, passando um sulcador ao longo do campo preparado.

Depois da sementeira, cobrem-se as sementes com uma grade de dentes de espiga. Outra técnica é a sementeira manual de oitenta a cem quilogramas de sementes por hectare, em sulcos preparados, ou com semeadores. A terceira técnica é a diblagem, ou plantação em colinas. Esta é geralmente praticada ao longo das encostas das montanhas ou onde a aragem e a gradagem são difíceis. Utiliza-se uma vara comprida de madeira ou de bambu com uma colher de metal presa na extremidade para cavar buracos. De seguida, deite as sementes nos buracos e cubra-os com terra. O método de sementeira direta num campo húmido é a sementeira por difusão, ou seja, semear as sementes na lama.

Existem vantagens na utilização da sementeira direta. Requer menos trabalho. Não é necessário preparar a cama de sementes, cuidar e arrancar as plântulas. As plantas semeadas diretamente amadurecem sete a dez dias mais cedo do que o arroz transplantado. Não estão sujeitas a stress, como serem arrancadas do solo e restabelecerem raízes finas. No entanto, também tem desvantagens. Na sementeira direta, as sementes são expostas a aves, ratos e caracóis. Há uma maior competição entre as culturas e as ervas daninhas, porque as plantas de arroz e as ervas daninhas têm a mesma idade. As plantas têm tendência a alojar-se mais porque a fixação das raízes é menor. São necessárias mais sementes, oitenta a cem quilogramas por hectare, em comparação com os trinta e cinco a sessenta e cinco quilogramas por hectare necessários para a transplantação.

Uma das soluções para aumentar o lucro e a produtividade é mecanizar a operação de plantação na cultura do arroz. Para mecanizar estas operações, foi desenvolvida uma transplantadora de arroz.

Capítulo 2

REVISÃO DA LITERATURA

O projeto centrou-se no desenvolvimento de um transplantador de arroz operado manualmente para cultivadores de arroz indianos de pequena escala. Uma vez que mais de 80% das propriedades indianas de arroz têm menos de dois hectares, há uma necessidade urgente de desenvolver máquinas agrícolas para actividades agrícolas altamente intensivas em mão de obra, uma vez que a disponibilidade de mão de obra está a diminuir rapidamente. O desafio consistia em conceber esta transplantadora que cumprisse os três requisitos básicos para as pequenas explorações de arroz segmentadas: viabilidade económica, viabilidade técnica e aceitação social. Esta máquina tornaria o processo mais fácil, mais seguro, mais rápido e mais económico.

2.1 MÉTODO MANUAL DE PLANTAÇÃO DE ARROZ

Nos primeiros tempos não havia transplantador para plantar as mudas de arroz no campo. As pessoas costumavam plantar as mudas com as mãos. Utilizavam as cordas para plantar as plântulas a uma distância igual, mantendo dois homens extra para mover a corda das extremidades do campo. É um método que consome mais tempo. O método manual de plantação de arroz é apresentado na Figura 2.1. É mais difícil plantar as plântulas e é necessário um maior número de trabalhadores humanos para plantar.

Figura 2.1 Método manual de plantação de arroz

2.2 TRANSPLANTADOR DE ARROZ EM 1960

A primeira máquina para transplantar plântulas de arroz foi introduzida em 1960, como mostra a Figura 2.2. A máquina é constituída por um tabuleiro para plântulas, garfos, uma pega e patins. Ao premir a pega, as forquilhas recolhem as plântulas do tabuleiro e plantam-nas em 6 filas. Cada vez que se carrega na pega, o tabuleiro de plântulas desloca-se para o lado, para que as forquilhas recolham uniformemente as plântulas. O operador tem de puxar a máquina ao mesmo tempo que bate com o punho no espaçamento desejado. O espaçamento entre linhas é de 20 cm.

Os inconvenientes deste transplantador são os seguintes

- Quando as plântulas de arroz são apanhadas com um garfo por uma força súbita, há mais probabilidades de danificar as plântulas.

- Um único homem não pode carregar no manípulo durante muito tempo, pelo que são necessários substitutos para carregar no manípulo.

- Este sistema também consome muito tempo e envolve muita mão de obra humana.

- O transplantador é muito grande e é difícil de transportar.

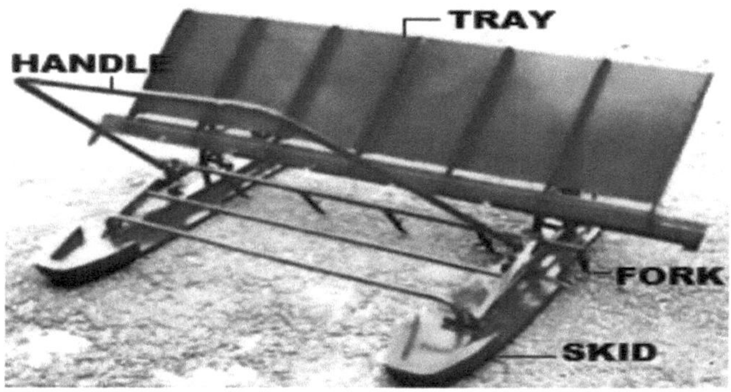

Figura 2.2 Transplantador de arroz em 1960

2.3   TRANSPLANTADOR DE ARROZ EM 1975

O segundo transplantador foi inventado na China, utilizando o mecanismo de ligação de seis barras, em 1975, como mostra a figura 2.3. A máquina é constituída por duas pegas, um tabuleiro, um mecanismo de seis barras e uma placa de base. Uma pega é fixada na placa de base e a outra é fixada com o mecanismo de ligação de seis barras. Ao mover a pega, que está ligada ao mecanismo de seis barras, para cima e para baixo, as plântulas de arroz são retiradas do tabuleiro e colocadas no solo.

Os inconvenientes deste transplantador são os seguintes

1. A plantação de plântulas por este transplantador não satisfez os agricultores devido aos danos causados às plântulas

2. Devido à presença de uma ligação de seis barras no transplantador, o trabalho de reparação e manutenção é complicado para os agricultores.

3. O movimento contínuo para cima e para baixo da pega pode causar efeitos secundários aos agricultores no futuro.

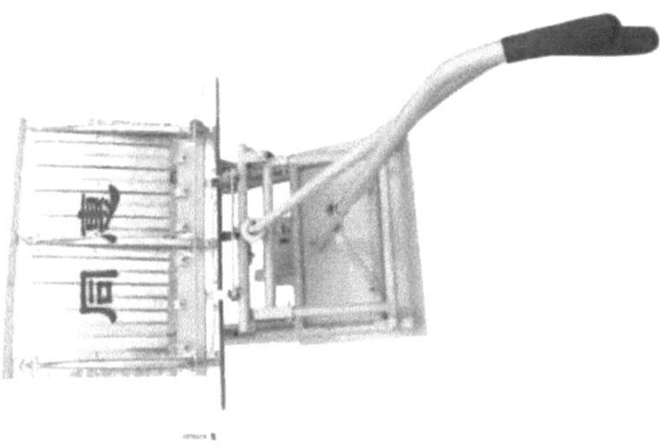

Figura 2.3 Transplantador de arroz em 1975

2.4 TRANSPLANTADOR DE ARROZ EM 1988

O terceiro transplantador, tal como indicado na figura 2.4, foi inventado na Índia em 1988. A máquina é constituída por oito braços, um tabuleiro e uma placa de base. Planta as plântulas em três filas. Os oito braços que apanham as plântulas estão ligados ao eixo. Nesta máquina, o movimento rotativo do eixo é retirado da roda rotativa em vez de ser dado à mão. Agora, quando puxamos o transplantador, a roda rotativa gira e o braço apanha as plântulas de arroz do tabuleiro e coloca-as no solo.

Os inconvenientes deste transplantador são os seguintes

1. O principal inconveniente deste transplantador é o facto de a sementeira do arroz não ser colocada perfeitamente na posição vertical.

2. O rendimento do arroz é reduzido devido a uma plantação imperfeita de sementes.

Figura 2.4 Transplantador de arroz em 1988

2.5 AVALIAÇÃO ERGONÓMICA DO TRANSPLANTADOR DE ARROZ DE SEIS LINHAS OPERADO MANUALMENTE

Rajvir et al (2007) discutiram a força necessária para os trabalhadores masculinos e femininos no campo. A Índia é um dos principais países produtores e consumidores de arroz do mundo. Na Índia, a transplantação da cultura do arroz depende totalmente do trabalho humano. No cenário de mudança da mecanização agrícola, a ergonomia desempenha um papel crucial para a eficácia da operação. Por conseguinte, o estudo foi realizado para avaliar a operação de transplantação de arroz numa base ergonómica e para calcular a taxa de dispêndio de energia envolvida na operação. Para o estudo, foi selecionada uma transplantadora de arroz de seis filas, operada manualmente, como mostra a Figura 2.5, e foram seleccionados aleatoriamente homens e mulheres com idades compreendidas entre os 25 e os 35 anos. A frequência cardíaca (FC) dos sujeitos foi medida por um monitor de frequência cardíaca polar computorizado (HRM) e foi tomada como base para calcular a taxa de dispêndio de energia. Foi utilizada uma célula de carga Novatech com indicador digital para a medição da força de tração.

AVALIAÇÃO ERGONÓMICA DE UM TRANSPLANTADOR DE ARROZ DE SEIS LINHAS OPERADO MANUALMENTE

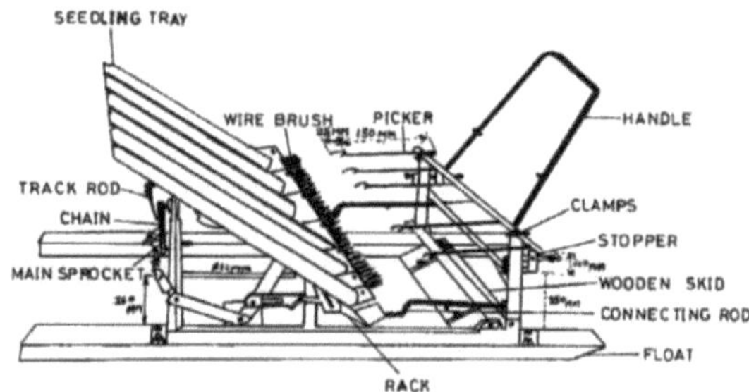

Figura 2.5 Transplantador de arroz de seis fileiras, de funcionamento manual

A capacidade de campo da transplantadora de arroz de seis linhas operada manualmente foi de 0,38 ha dia-1 , enquanto a transplantadora manual foi de 0,04 ha dia-1 . O gasto médio de energia dos trabalhadores masculinos e femininos na operação de transplantação com transplantador de arroz manual foi de 30,70 e 32,58 kJ min-1, respetivamente. A operação foi classificada como "trabalho pesado" com base na frequência cardíaca. A pausa de repouso, para atingir a eficácia funcional durante a transplantação do arroz por transplantador de seis filas, foi de 14,30 minutos após 30 minutos de trabalho. Os indivíduos necessitam de mais força para puxar o transplantador na direção da frente, em comparação com a operação de puxar para cima e para baixo. A força média necessária para puxar o transplantador foi de 130,32 e 145,12 N para os indivíduos do sexo masculino e feminino, respetivamente. A força média para a pega para baixo, para a pega para cima e para puxar foi de 101,93, 94,61 e 130,32 N, respetivamente, para os indivíduos do sexo masculino, enquanto que para os indivíduos do sexo feminino foi de 117,08, 109,34 e 145,12 N, respetivamente. Os trabalhadores do sexo feminino necessitaram de mais força para puxar o transplantador do que os do sexo masculino, porque os trabalhadores do sexo masculino eram mais altos e, por conseguinte, exerciam uma força mais orientada para cima sobre a unidade, reduzindo assim a força de arrastamento sobre os corredores. O desempenho do transplantador de arroz foi testado. A eficiência de transplantação, a capacidade de campo e o custo de operação foram de 94,2%, 0,38 ha dia-1 e Rs 1020 dia-1, respetivamente.

2.6   IMPACTO DA MECANIZAÇÃO NA EFICIÊNCIA TÉCNICA

Mohammad et al (2012) avaliaram o impacto dos insumos de mecanização e dos sistemas de cultivo na produtividade e na eficiência técnica (ET) da produção de arroz na província de Khuzestan, na parte sudoeste do Irão. Foi utilizada uma análise de fronteira estocástica para medir a ET e foram avaliados três métodos em cada fase de cultivo. Os dados analisados neste estudo foram recolhidos durante um inquérito que abrangeu o ano agrícola de 2009 em duas regiões climáticas. Houve uma grande variação nos níveis de eficiência, que variaram de 0,15 a 0,99 com média de 0,67. O índice de mecanização variou de 0,06 a 0,52, mostrando uma grande variação na aplicação de máquinas agrícolas para a produção de arroz. A correlação entre o índice de mecanização e o ET demonstrou fortemente o impacto da mecanização na eficiência dos produtores de arroz.

Muitos estudos utilizaram dias-pessoa para medir a mão de obra, mas o trabalho dos trabalhadores variava entre 6 e 10 horas por dia; além disso, devido às diferenças entre homens e mulheres, os factores de produção da mão de obra foram medidos com base no equivalente energético. Muitos estudos utilizaram horas para medir a utilização de maquinaria agrícola; no entanto, neste estudo, as entradas de maquinaria foram medidas pela energia da máquina utilizada com base num equivalente energético, porque não podemos adicionar operações com diferentes capacidades com base nas horas efectuadas.

A produção de arroz em casca correspondente variou de aproximadamente 400 kg a mais de 8.000 kg. Do ponto de vista da mecanização, as etapas críticas na produção de arroz foram as de plantio e manutenção. Podemos verificar que a maior parte da mão de obra é investida na fase de plantação, com mais de 60% do total da mão de obra investida nesta fase; em contrapartida, a utilização de maquinaria nesta fase é de apenas cerca de 2%. O transplante e a sementeira húmida foram semelhantes ao longo do tempo, e não houve novas tecnologias de mecanização alargadas, tais como um semeador de tambor para o método de sementeira húmida ou um transplantador de arroz, na província de Khuzestan. A utilização de maquinaria na fase de colheita representou mais de 60% da energia total da máquina. Estes resultados mostram que, devido ao pagamento atempado do aluguer, foi feito um maior investimento na fase de colheita.

Bala et al (2013) discutiram a necessidade gerada na exploração agrícola para a Intensificação do Sistema de Arroz (SRI), tendo as práticas SRI sido desenvolvidas com o objetivo de aumentar a produção e a qualidade do arroz. Com base nas práticas do SRI, as plântulas de arroz são transplantadas em idades jovens, com 15 dias de idade, com apenas 2 folhas e plantando cuidadosamente apenas uma plântula por colina e espaçando as colinas de forma optimizada num padrão quadrado de 25x25 cm para uma melhor utilização da água, luz solar, minerais, espaço, nutrientes, monda e gestão de pragas a uma profundidade rasa (1-2 cm) na condição de solo húmido.

O método atual de transplantação mecânica do arroz, que consiste em plantar entre 5 e 8 plântulas por povoamento, é considerado ineficaz para produzir um rendimento mais elevado. De acordo com o inquérito efectuado, a maior parte dos agricultores anseia por tradutores de plantação única, uma vez que é impossível fazê-lo manualmente. Têm de ser efectuadas modificações na garra de plantação para que só apanhe uma plântula de cada vez, redesenhar o tabuleiro de plântulas para permitir que o transplantador SRI apanhe uma plântula de cada vez e determinar as melhores condições de solo adequadas às práticas SRI. Não há dúvida de que o novo transplantador desenvolvido para o SRI será a futura máquina para os agricultores da Malásia. As provas demonstraram que as práticas do ISR na cultura do arroz resultaram num aumento do rendimento, bem como num arroz de qualidade superior, devido ao seu ciclo de cultura mais curto, à menor necessidade de sementes e fertilizantes, à menor quantidade de grãos esfarelados devido a uma percentagem mais elevada de enchimento dos grãos, ao pouco ou nenhum acamamento provocado pelo vento ou pela chuva e a uma maior taxa de recuperação do arroz de cabeça, o que significa que se obtém mais arroz branqueado a partir de uma determinada quantidade de arroz e se reduz a necessidade de mão de obra, aumentando simultaneamente a produtividade.

A profundidade ideal de transplante favoreceu maior área foliar por broto e por lâmina foliar e maior número máximo de perfilhos e reduziu a porcentagem de mortalidade de perfilhos. O método de plantio SRI sugeriu 1 a 2 cm de profundidade, tomando cuidado para não inverter as pontas das raízes das mudas durante o transplante. A coesão correcta do solo cobrirá a raiz firmemente ao solo. O solo certo é aquele que é suficientemente húmido em vez de continuamente inundado para evitar a aderência da garra de plantação com lama e rotulado cuidadosamente para evitar ondulações resultantes da diferença no rótulo da água para evitar que as plântulas caiam e flutuem. Uma boa etiquetagem do terreno é essencial para um desempenho ótimo. O requisito de espaçamento entre plantas é importante para garantir o bom crescimento das plântulas e assegurar que não ocorram problemas como o acamamento das plântulas e que a gestão das ervas daninhas se torne mais fácil, bem como evitar a competição em termos de nutrientes, luz solar e sais minerais no solo. A uniformidade das plântulas é um parâmetro importante obtido através de boas práticas de viveiro para garantir uma população uniforme de plântulas aquando da transplantação.

O método de transplantação do Sistema de Intensificação do Arroz (SRI) incentiva a plantação de uma plântula por colina e espaçada em 25x25 cm para uma melhor utilização da água, dos nutrientes e da gestão das pragas. A aplicação do SRI produz um rendimento mais elevado com uma maior exposição da cultura à luz solar e aos nutrientes e produz um sistema radicular mais eficaz. O ciclo da cultura será mais curto, haverá menos necessidade de sementes e fertilizantes, os grãos ficarão menos esfarelados devido a uma maior percentagem de enchimento dos grãos, haverá pouco ou nenhum acamamento devido ao vento ou à chuva e uma maior taxa de recuperação do arroz de cabeça, o que significa que haverá mais arroz branqueado a partir de uma determinada quantidade de arroz. Não há dúvida de que o novo transplantador desenvolvido para o SRI será a máquina do futuro para os agricultores da Malásia.

2.8 ENSAIO DE DESEMPENHO DO TRANSPLANTADOR DE ARROZ AUTOPROPULSADO DE QUATRO LINHAS

Murumkar et al (2014) discutiram os pontos de vista para reduzir o custo da operação de transplantação da cultura de arroz. Para o efeito, foi utilizado um transplantador de arroz de quatro filas autopropulsionado (modelo MAHINDRA). O desempenho do transplantador de arroz mecânico autopropulsado foi considerado bastante satisfatório. A capacidade de campo, a eficiência de campo e o consumo de combustível do transplantador de arroz autopropulsado de quatro linhas foram de 0,1 ha/h, 65% e 10 litros/ha, respetivamente. O custo da transplantação mecânica foi de 1500 Rs/ha, em comparação com 5000 Rs/ha no caso do método tradicional de transplantação manual seguido pelos agricultores da região. O rendimento das culturas, tanto na transplantação manual como na mecânica, foi equivalente ao rendimento médio dos grãos. A máquina foi considerada fácil de utilizar pelos agricultores e viável em termos de tempo, dinheiro e mão de obra, em comparação com o método manual de transplantação de arroz.

São registados os dados experimentais relativos à variedade da cultura, à área coberta, à data de transplantação e de colheita do arroz, etc. A velocidade de operação, a largura de trabalho, o tempo total necessário para cobrir a área e o consumo de combustível foram registados.

O transplante de arroz foi efectuado com um transplantador de arroz de quatro linhas autopropulsionado. Com base nos testes de campo efectuados durante a colheita de 2010-11 e 2011-12, observou-se que o número de plântulas transplantadas por colina era de cerca de cm e a profundidade das plântulas transplantadas era de cerca de cm no caso da transplantação mecânica. A capacidade de campo real do transplantador autopropulsionado de quatro linhas foi de 0,12 ha/h com uma eficiência de campo de 78% a uma velocidade média de operação de 1,2 kmph. Foram necessárias 8 horas para transplantar uma área de 1 hectare e o consumo de combustível foi de

8.1 l/ha ou 1,0 litro/h. Verificou-se que a necessidade de mão de obra era de 2 dias-homem por hectare, em comparação com 32 dias-homem de mão de obra por hectare na transplantação manual de arroz. Assim, poupou 30 dias de mão de obra por hectare.

8.2 AVALIAÇÃO DO DESEMPENHO DE UM TRANSPLANTADOR DE ARROZ DE DUAS LINHAS

Shahare et al (2011) discutiram a necessidade de um transplantador de duas linhas num campo de arroz. A transplantação é a operação que consome mais mão de obra durante o cultivo do arroz. O custo da sementeira e da transplantação representa 50 % do custo total de produção. O Dr. Dapoli tem feito muitos esforços para popularizar a transplantadora autopropulsada de oito linhas disponível no mercado. A máquina funciona bem em solos litólicos da região de Konkan. As limitações da máquina são a dimensão reduzida da parcela e a topografia ondulada do terreno. Os transplantadores de quatro e seis filas operados manualmente não conseguiram obter muita popularidade na região, uma vez que o operador tem de puxar o transplantador, o que implica muito trabalho árduo. A fim de desenvolver um transplantador autopropulsionado de duas linhas, foi estudado o desempenho do tipo puxado de duas linhas. O transplantador foi testado no campo agronómico do Dr. Dapoli. Durante a avaliação de campo, foram registados vários parâmetros, como o espaçamento entre plantas, a profundidade de plantação, a capacidade de campo, a eficiência de campo, o tempo total de operação e a velocidade de operação. Observou-se que a eficiência de campo e a capacidade de campo do transplantador eram de 84,5% e 0,051 ha/h, respetivamente.

Sendo o alimento básico para mais de 62% da população, a segurança alimentar nacional depende do crescimento e da estabilidade da sua produção. O arroz é geralmente cultivado por transplante de plântulas em condições de campo inundado ou por sementeira direta, dependendo da disponibilidade de água. Na região de Konkan, segue-se o sistema de cultivo em terras húmidas. A terra é cuidadosamente lavrada e é mergulhada em 3-5 cm de água parada. Na região, a lavoura é efectuada, em grande parte, com arado de tração animal e pranchas de madeira. Nalgumas bolsas, o motocultivador é utilizado para o empoçamento, mas a sua extensão é muito reduzida. Os dias-homem necessários para a transplantação variam entre 50 e 60 dias-homem/ha. Atualmente, a mão de obra é muito cara e escassa. O atraso na transplantação afecta diretamente o rendimento. Por isso, a operação de transplantação precisa de ser mecanizada.

8.3 0 Síntese e Análise de um Mecanismo Planar Ajustável de Quatro Barras

Girish et al (2014) discutiram as trajectórias contínuas desejadas que podem ser geradas por ligações ajustáveis de quatro barras com o ajuste contínuo de um parâmetro independente, principalmente o cursor. Os mecanismos ajustáveis são capazes de gerar múltiplos caminhos com uma mudança em um ou mais parâmetros do mecanismo e com essencialmente o mesmo hardware. Pouco trabalho tem sido feito no domínio da síntese de mecanismos ajustáveis para a geração de trajectórias contínuas, especialmente de mecanismos ajustáveis de quatro barras planas. A flexibilidade da trajetória de uma ligação ajustável de quatro barras é analisada. A limitação das ligações de quatro barras para gerar trajectórias contínuas é que a trajetória contínua desejada só pode ser gerada aproximadamente. Esta limitação pode ser ultrapassada através da utilização de ligações ajustáveis de quatro barras. Os mecanismos de ligação convencionais proporcionam uma capacidade de alta velocidade a baixo custo, mas não proporcionam a flexibilidade necessária em muitas aplicações industriais.

Por outro lado, na maior parte das aplicações de automação industrial, os dispendiosos robots multieixos são utilizados para operações repetitivas simples que requerem apenas uma flexibilidade limitada. A fim de proporcionar uma solução óptima entre a automação convencional baseada em mecanismos e os robôs demasiado flexíveis, foram introduzidos mecanismos ajustáveis. O parâmetro variável pode ser o comprimento de um ou mais elos ou a alteração da posição de um pivô fixo. A adoção de mecanismos ajustáveis permite gerar diferentes trajectórias com precisão utilizando um único mecanismo de quatro barras e reduzir os erros estruturais. A síntese do mecanismo é efectuada para diferentes ângulos. O comprimento dos diferentes elos é ajustado para obter diferentes trajectórias com precisão e são geradas várias trajectórias.

Este documento apresenta os vários ajustes que podem ser feitos no mecanismo para traçar várias trajectórias, as trajectórias são traçadas aproximadamente e, para traçar as trajectórias exactas, os erros estruturais têm de ser reduzidos através da síntese óptima do mecanismo. As trajectórias contínuas desejadas podem ser geradas com precisão através de ligações ajustáveis de quatro barras com o ajustamento contínuo de um parâmetro independente, principalmente o cursor pode ser utilizado como parâmetro independente para obter trajectórias precisas e adquirir os pontos de canto como no caso da geração de trajectórias rectangulares.

8.4 1 AVALIAÇÃO COMPARATIVA NO TERRENO DO TRANSPLANTADOR DE ARROZ COM A TRANSPLANTAÇÃO MANUAL NAS TERRAS DO VALE DA REGIÃO DE CAXEMIRA

Jagvir et al (2011) compararam a máquina de transplantação de arroz com a transplantação manual. O arroz é transplantado manualmente utilizando plântulas de raiz lavada, o que é orientado para o trabalho e envolve um elevado custo de transplantação. É necessária uma tecnologia de mecanização adequada para reduzir o trabalho árduo, o custo da transplantação e melhorar a oportunidade da operação. Foi testada a viabilidade de um transplantador de arroz autopropulsionado, do tipo montado, nos campos de pequena dimensão da região durante a época de kharief de 2007-08. A transplantação mecânica de arroz por transplantador autopropulsado assegurou um bom suporte da cultura e aumentou o rendimento em 6,0% em comparação com a transplantação manual. O funcionamento do transplantador revelou que este necessita de um terreno bastante plano e de um campo bem encharcado para manter uma profundidade uniforme de água parada e uma fixação adequada das plântulas no solo. O custo da transplantação era um pouco mais elevado do que o da transplantação manual, mas podia ser reduzido aumentando as horas de trabalho da máquina. Assim, o transplantador mecânico de arroz pode ser muito útil na região durante a escassez de mão de obra e, também, para melhorar a oportunidade de operação em grandes propriedades.

A utilização da transplantadora de arroz autopropulsada de 8 linhas no vale de Caxemira revelou que o funcionamento da transplantadora manual de arroz de 8 linhas era satisfatório no campo e a sua capacidade de campo era de 0,093 e 0,095 ha/h com uma eficiência de campo de 78 e 80 por cento para o campo da Universidade e o campo do agricultor, respetivamente. E também para controlar as colinas flutuantes, foi necessário um terreno bastante plano para manter uma profundidade uniforme da água parada. Para reduzir os montes perdidos, foi necessário desenvolver um tabuleiro duro no campo e aplicar lubrificantes no tabuleiro. O desempenho do transplantador em termos de colocação de plântulas depende unicamente da qualidade do viveiro. As plântulas do tapete de raízes devem ter uma densidade e uma altura específicas. O custo da transplantação com a transplantadora é um pouco mais elevado, mas a máquina pode ser útil em caso de escassez de mão de obra e para manter a pontualidade da operação em grandes explorações. Existe uma boa margem para a mecanização da transplantação de arroz em terras de vale através da transplantadora de arroz autopropulsada para aumentar e manter a produção de arroz.

8.5 2 UM MODELO PARA A SELECÇÃO ÓPTIMA DAS DIMENSÕES DAS MÁQUINAS NO SISTEMA DE MÁQUINAS AGRÍCOLAS

Henning et al (2004) discutiram o nível ótimo de mecanização das explorações agrícolas em termos de capacidade técnica. O modelo de otimização é um modelo de programação não linear implementado utilizando o pacote de software de programação General Algebraic Modeling System (GAMS). Baseia-se num conceito de menor custo que envolve todos os custos fixos e variáveis esperados (incluindo os custos de atualidade) para uma determinada dimensão da exploração e plano de culturas. O resultado do modelo é o dimensionamento de cada máquina, bem como a potência do trator e o número de tractores necessários. São também apresentadas as taxas de trabalho efectivas dos conjuntos de máquinas e a duração em tempo nominal da execução de cada operação. A seleção baseia-se numa matriz orientada para a exploração agrícola que envolve vários tipos de restrições, tais como horas-homem disponíveis, horas-máquina e horas-trator disponíveis, oportunidade e trabalhabilidade das operações, janela agronómica das operações e sequência das operações. O modelo foi testado e verificado quanto ao seu comportamento operacional utilizando dados reais da exploração agrícola. As comparações dos requisitos de maquinaria optimizados com a maquinaria real presente numa exploração agrícola de estudo de caso mostraram, em geral, uma boa concordância, embora houvesse algumas diferenças significativas, sugerindo que algumas das máquinas reais não estavam dimensionadas de forma óptima.

A abordagem tem sido orientada para o desenvolvimento de um modelo para estimar as dimensões óptimas de menor custo do conjunto de máquinas da exploração agrícola, tendo em conta restrições como a capacidade de trabalho, a oportunidade, a sequência de operações, a disponibilidade de mão de obra, etc. O modelo melhora a procura de soluções para o problema do dimensionamento de máquinas individuais, bem como de conjuntos de máquinas numa exploração agrícola específica, permitindo uma estruturação dos dados de entrada, que coincide com o tipo de dados e a quantidade de dados já presentes na exploração. Foi também demonstrada a capacidade do modelo para avaliar o efeito de alterações parciais nos pré-requisitos pré-determinados. Isto permite que o modelo seja utilizado para explorar diferentes estratégias de gestão das máquinas.

8.6 3 DESENVOLVIMENTO DE UM MECANISMO DE TRANSPLANTAÇÃO DE PLÂNTULAS DE ARROZ

Edathiparambil (2011) falou sobre o mecanismo e um dedo de plantação optimizado para transplantar as plântulas de arroz. A transplantação de plântulas é uma operação de trabalho intensivo no cultivo de arroz. É também um trabalho especializado e implica trabalhar com uma postura inclinada num campo encharcado. Existe uma necessidade de mecanizar esta operação. Para o efeito, foi concebido um mecanismo segundo o método da síntese analítica. Foi selecionada uma ligação plana de quatro barras com extensão de acoplador, como mostra a figura 2.6, como conceção de base. A trajetória gerada pelo mecanismo foi representada no ecrã de um computador. Variando as dimensões de vários elos do mecanismo, obtiveram-se diferentes trajectórias de movimento de saída do ponto de acoplamento. As dimensões dos elos potenciais foram identificadas com base na adequação da trajetória para a colheita, o transporte e a plantação de plântulas, bem como o movimento de retorno. Foi então desenvolvido e testado um transplantador autopropulsionado de quatro linhas que utiliza o mecanismo acima referido e um dedo de plantação optimizado. O sistema de transplantação por máquina revelou-se tecnicamente viável.

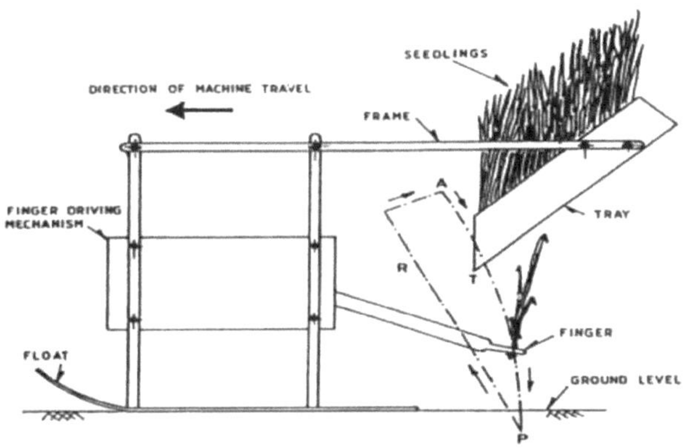

Figura 2.6 Transplantador mecânico de arroz

2.14 ESTIMATIVA DO ÍNDICE DE MECANIZAÇÃO E DO SEU IMPACTO NA PRODUÇÃO E NOS FACTORES ECONÓMICOS

Gyanendra Singh (2006) discutiu o índice de mecanização através da realização de um estudo de caso na Índia. Os principais factores que exigem um maior investimento de capital, nomeadamente fertilizantes, irrigação e energia eléctrica, foram seleccionados para avaliar o seu impacto no rendimento através de regressões lineares múltiplas. O coeficiente de regressão normalizado revelou que a irrigação (42%) e a energia eléctrica (32%) contribuíram significativamente para aumentar o rendimento. Estes dois factores de produção utilizam extensivamente energia mecânica e eléctrica como parte da mecanização. Sugeriu-se um índice baseado no rácio entre o custo de utilização de maquinaria e o custo total de equipamento e de animais para estimar a mecanização.

Foi sugerido um índice de mecanização baseado no rácio entre o custo da utilização de máquinas e o custo total da utilização de mão de obra humana, de animais de tração e de máquinas. Para avaliar o índice de mecanização e estudar o seu impacto no rendimento, no custo de cultivo e na utilização de mão de obra humana e animal, foram adoptados dados secundários relativos ao custo de cultivo das principais culturas na Índia.

A análise revelou que o custo do trabalho humano continua a ser a maior componente do custo de cultivo da cultura do trigo, que é a cultura mais mecanizada da Índia. A análise revelou ainda que, apesar de 78,5% da energia agrícola ser proveniente de fontes mecânicas, o índice de mecanização baseado no custo de utilização de máquinas era de 14,5%. Por outras palavras, a parte do custo da energia humana e animal no custo operacional total foi de 855%. O índice de mecanização por cultura variou entre um valor mais baixo de 8,22% no sorgo e no arroz e um valor mais elevado de 30% no trigo. A análise revelou igualmente que os Estados com índices de mecanização mais elevados incorreram em custos de cultivo mais baixos para a cultura do trigo, por quintal, devido ao aumento do rendimento. Com o aumento do nível de mecanização, a utilização de animais de tração diminuiu significativamente, anualmente, em 6,2%, mas a utilização de mão de obra humana diminuiu apenas -0,18%, entre 1971-72 e 1996-97.

Capítulo 3

IDENTIFICAÇÃO DO PROBLEMA

Os problemas/constrangimentos na produção de arroz variam de estado para estado e de zona para zona. As principais zonas de cultivo de arroz concentram-se na região oriental, que regista geralmente uma elevada pluviosidade e falta de mão de obra para a plantação anual de plântulas de arroz. Cerca de 78% dos agricultores são pequenos e marginais no país e são pobres em recursos. Por conseguinte, não estão em condições de utilizar tractores no campo para plantar as plântulas, que são essenciais para aumentar a produtividade. Para esse efeito, foram inventadas no país as transplantadoras manuais. A primeira máquina é a transplantadora de seis fileiras, que é muito grande, difícil de transportar e com maiores probabilidades de danificar as plântulas, além de não se poder pressionar a pega durante muito tempo. A segunda invenção do transplantador reduziu bastante o tamanho, mas os danos causados às plântulas não foram melhorados nesta fase. O principal problema deste transplantador é que os trabalhos de reparação e manutenção são complicados para os agricultores. Além disso, o movimento contínuo da pega para cima e para baixo pode causar efeitos secundários aos agricultores no futuro. A invenção seguinte pôs fim aos danos causados às plântulas pelos transplantadores, mas neste tipo de transplantador a sementeira do arroz não é colocada na posição vertical. O rendimento do arroz diminui devido à plantação imperfeita das plântulas.

A força normal necessária para puxar o transplantador era superior a 130N para os homens e 145N para as mulheres. A redução desta força de tração do transplantador será um dos factores importantes para a conceção do novo transplantador. Além disso, as plântulas de arroz não devem ser danificadas durante a transplantação, o que afectará o crescimento das plântulas. Assim, a conceção do garfo para o nosso transplantador é importante para evitar este problema. Normalmente, todos os transplantadores acima referidos pesam mais de vinte quilogramas, pelo que a força de tração destes transplantadores será maior. Assim, decidimos conceber o transplantador com menos de quinze quilogramas, pelo que a força de tração do transplantador será bastante reduzida, o que tornará o trabalho dos agricultores bastante confortável. Uma vez que em todos os transplantadores temos que pressionar a alça no movimento para cima e para baixo para transplantar a muda, os agricultores não podem trabalhar de manhã à noite. Por isso, planeámos introduzir o movimento rotativo para transplantar as plântulas com a própria mão. Uma vez que utilizamos o mecanismo simples de quatro barras para transplantar as plântulas, os trabalhos de manutenção e reparação podem ser efectuados pelos agricultores no próprio local. Para evitar a colocação imperfeita das plântulas na posição vertical, utilizamos um garfo para encher as plântulas do tabuleiro para a base e um mecanismo de ligação de quatro barras para plantar as plântulas na posição vertical perfeita sem danificar as plântulas. Assim, a produtividade do campo de arroz será aumentada.

Capítulo 4

MÉTODO PROPOSTO

O método proposto para retificar os problemas existentes é apresentado na Figura 4.1. Neste projeto utilizámos chapa metálica, veios, corrente e rodas dentadas, bloco de canalizador, patim, ligação de quatro barras, fixação de ângulo L e pega. A principal vantagem deste projeto é a presença de um mecanismo simples de quatro barras no transplantador de arroz, que pode ser facilmente substituído e reparado pelos cultivadores de arroz. A manutenção e o custo inicial são menores.

Figura 4.1 Modelo proposto

4.1 PRINCÍPIO DE FUNCIONAMENTO

No nosso projeto, as plântulas de arroz são mantidas no tabuleiro e deixadas a escorrer por gravidade. A forquilha que está ligada ao eixo recolhe as plântulas do tabuleiro e mantém-nas na posição horizontal sobre o patim. O movimento do eixo é feito à mão, utilizando uma corrente e uma roda dentada. Utilizamos um mecanismo simples de quatro barras para plantar as plântulas de arroz na terra que é suportada por um ângulo L em ambos os lados. A manivela do mecanismo de quatro barras está ligada ao eixo rotativo, de modo a permitir uma rotação completa, e a alavanca está simplesmente ligada ao ângulo L, de modo a permitir um movimento de vaivém.

A biela que mantém as mudas de arroz na terra está ligada à manivela e à alavanca. O ângulo L actua como quadro fixo no mecanismo de quatro barras. Ao rodar continuamente as rodas dentadas à mão, o movimento é dado aos eixos e o arroz é transplantado da máquina para a terra.

4.2 VIABILIDADE ECONÓMICA

Os componentes e materiais utilizados na conceção do transplantador são apresentados no quadro 4.1.

Quadro 4.1 - Estimativa de custos

Sl. Não.	Componentes	N.º de unidades	Custo (em Rs)	Material utilizado
1.	Bloqueio de canalizador	2	250	Ferro fundido
2.	Cadeia	2	550	Ferro fundido
3.	Rodas dentadas	6	650	Aço macio
4.	Chapas metálicas	-	500	Alumínio
5.	Eixo	2	250	Aço macio
6.	Ligação de quatro barras	1	300	Aço macio
7.	Derrapagem	-	450	Aço macio
8.	Pega	1	150	Aço macio
9.	Parafusos e porcas	10	050	Aço macio
10.	Fabrico	-	1400	-
Custo total			4550	

Capítulo 5

CONCEPÇÃO DOS COMPONENTES E SUA SELECÇÃO

5.1   LIGAÇÃO DE QUATRO BARRAS

6   Uma ligação de quatro barras, também designada por barra quádrupla, é a ligação de corrente fechada móvel mais simples. É constituída por quatro corpos, denominados barras ou elos, ligados em anel por quatro articulações. Geralmente, as articulações são configuradas de modo a que os elos se movam em planos paralelos, e o conjunto é designado por engate plano de quatro barras. O mecanismo de quatro elos é apresentado na Figura 5.1

As quatro barras em ligação são as seguintes

- Manivela - pode rodar 360 graus.

- Alavanca - pode rodar numa gama limitada de ângulos.

- Biela - liga a manivela e a alavanca.

- Quadro fixo - parte fixa na articulação.

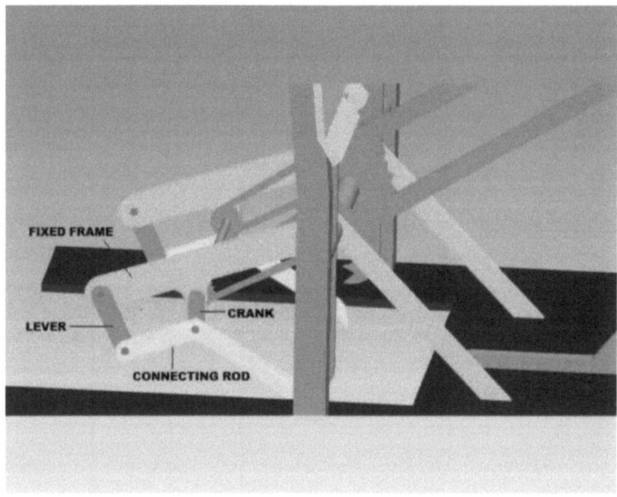

Figura 5.1 Ligação de quatro barras do transplantador de arroz

5.1.1 Dimensões do engate de quatro barras

Comprimento da manivela=   3,5cm

Comprimento da alavanca=   6cm

Comprimento da biela=   10cm

Comprimento do quadro fixo=   8cm

5.1.2 Condição de Grashof

A condição de Grashof para um estado de ligação de quatro barras:

Se a soma do elo mais curto e do elo mais longo de uma ligação quadrilateral plana for menor ou igual à soma dos dois elos restantes, então o elo mais curto pode girar completamente em relação a um elo vizinho. Por outras palavras, a condição é satisfeita se S+L < P+Q, em que S é o elo mais curto, L é o mais longo e P e Q são os outros elos.

O elo mais comprido é a bielaL   = 10cm

O elo mais curto é a manivelaS   = 3,5cm

Os dois elos restantes são a alavanca P e o quadro fixo Q com 6 cm e 8 cm

$$3.5 + 10 < 6+8$$

$$13.5 \quad < 14$$

Por conseguinte, a condição de Grashof é satisfeita.

5.2 BLOCO DE CANALIZADOR

O canalizador é utilizado para suportar o eixo que contém a forquilha em ambas as extremidades. É constituído por um pedestal chamado rapaz, um copo, dois casquilhos bipartidos, dois parafusos de cabeça quadrada, porcas hexagonais e um corpo feito de ferro fundido. A figura 5.2 mostra o canalizador.

Figura 5.2 Calço de apoio

Esta é fornecida com dois orifícios para parafusos na placa de base para aparafusar a chumaceira em posição. Após a montagem da chumaceira no veio, ao aparafusar. Após a montagem, fica uma pequena folga entre a tampa e o corpo, que permite obter o aperto necessário.

5.3 CADEIAS

As correntes são utilizadas para a transmissão de potência mecânica em muitos tipos de máquinas domésticas, industriais e agrícolas. Neste caso, as correntes são utilizadas para transmitir a potência do volante manual para o eixo no qual os garfos estão fixados e também para transmitir a potência ao mecanismo de quatro barras. A corrente é representada na Figura 5.3.

5.3.1 Cálculo do comprimento da corrente

Comprimento da corrente

$$L = Lp \times Pd$$

Em que Lp é o comprimento da corrente contínua em múltiplos de passos (ou seja, número aproximado de elos)

$$Pd = \text{Diâmetro do passo}$$

Agora vamos encontrar o diâmetro do passo Pd,

$$a = (30\text{-}50) \, Pd$$

Onde a é a distância central e assumimos que é 110 cm

$$110 = 50Pd$$

$$Pd = 2,2 \text{ cm}$$

Agora vamos encontrar o comprimento Lp.

$$Lp = 2ap + (z_1+z_2)/2 + (((z_1\text{-}z_2)/(2 \times 3.14))^2 \,/ap)$$

Onde ap é a distância aprox. do centro em múltiplos de passos

$$ap = a/P$$

$$= 110/2.2$$

$$= 50cm$$

$$Lp = 2(50) + (58/2) + ((22/(2 \times 3.14))^2 \,/50)$$

$$= 100 + 29 + 0.25$$

$$Lp = 129,25 \text{ cm}$$

Comprimento da cadeia, $L = Lp \times Pd$

$$= 129.25 \times 2.2$$

$$C = 284cm$$

Comprimento da primeira corrente = 284cm

Comprimento da segunda corrente = 85 cm

Figura 5.3 Cadeias

5.4 ESCOTILHAS

Uma roda dentada ou roda dentada é uma roda perfilada com dentes. O nome "roda dentada" aplica-se geralmente a qualquer roda sobre a qual existam projecções radiais que engrenam uma corrente que passa sobre ela. Distingue-se de uma engrenagem na medida em que as rodas dentadas nunca são engrenadas diretamente, e difere de uma polia na medida em que as rodas dentadas têm dentes e as polias são lisas. Neste caso, utilizamos rodas dentadas para o volante e no eixo para rodar o garfo e o mecanismo de quatro barras. A roda dentada é mostrada na Figura 5.4

5.4.1 Cálculo da velocidade de rotação

Z1=Número de dentes no pinhão da roda dentada

Z2=Número de dentes na roda dentada

N1=Velocidade de rotação do pinhão

N2=Velocidade de rotação da roda

Velocidade da roda movida à mão N2 = 25 rpm (valor ótimo)

N.º de dentes na roda   dentadaZ2 = 40

N.º de dentes no pinhão da roda   dentadaZ1 = 18

Rácio de transmissão "i "N1/N2 = Z2/Z1

$$Z2/Z1 = 40/18$$

$$= 2.2$$

Por conseguinte,   N1 = 2,2 x 25

Velocidade de rotação do pinhão=   55rpm.

Figura 5.4Rodas dentadas

5.5 BANDEJA

O tabuleiro é utilizado para manter as plântulas de arroz no transplantador. O tabuleiro é feito de chapa metálica, como se mostra na Figura 5.5. É formada por um processo industrial em peças finas e planas. É uma das formas fundamentais utilizadas no trabalho do metal e pode ser cortada e dobrada numa grande variedade de formas. Inúmeros objectos do quotidiano são construídos com chapas metálicas. O tabuleiro é utilizado para manter as plântulas de arroz no transplantador.

Comprimento da chapa metálica= 53,5cm

Largura da chapa metálica= 26 cm

Espessura da chapa metálica = 0,1cm

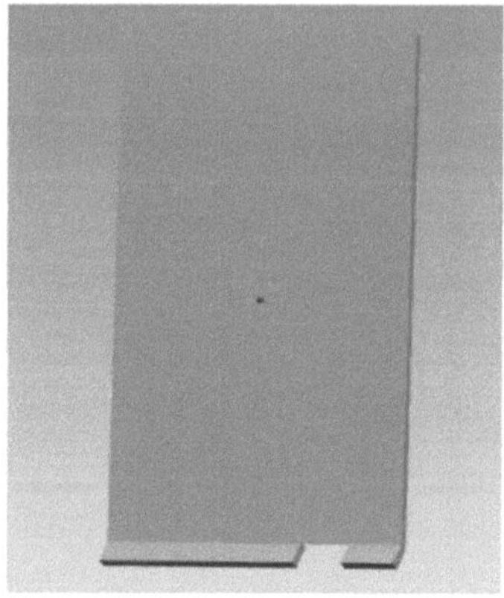

Figura 5.5 Tabuleiro

5.6 EIXO

O veio é uma haste giratória que transmite movimento ou potência, normalmente utilizada para rotação axial. O veio é normalmente feito de aço macio, como se mostra na Figura 5.6. É também designado por aço-carbono simples. É a forma mais comum de aço porque o seu preço é relativamente baixo. Aqui, um veio contém garfos e outro veio contém quatro barras de ligação e a potência é retirada da roda manual através de correntes e rodas dentadas.

5.6.1 Dimensões do eixo

Comprimento do eixo = 30 cm (é o espaço necessário entre os arrozais)

Diâmetro do veio = 2 cm (é o diâmetro ótimo para um veio de 30 cm)

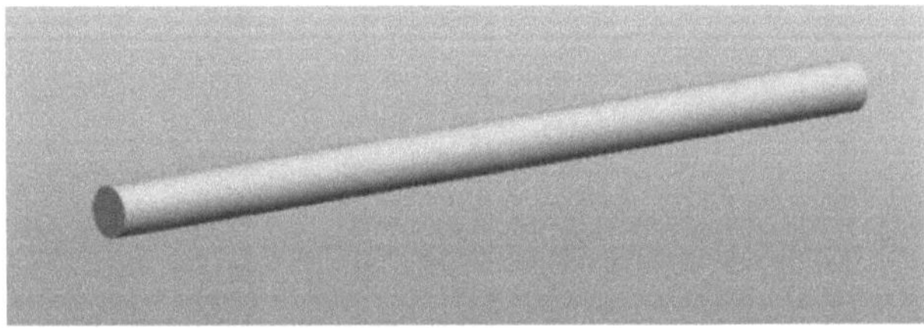

Figura 5.6 EIXO

5.7 FORQUILHA

A forquilha é definida como uma parte dentada de qualquer máquina, dispositivo, etc. O garfo é utilizado para apanhar as plântulas de arroz do tabuleiro e para as manter no skid, como se mostra na Figura 5.7. Há dois garfos ligados ao eixo e a distância entre os dois garfos é de 30 cm. O movimento da forquilha é dado pelo eixo e a forquilha é feita de material de aço macio.

O comprimento total da forquilha é de 28 cm

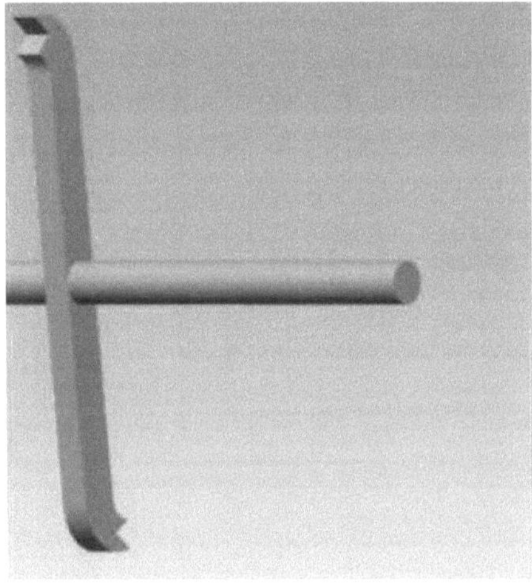

Figura 5.7 Garfo do transplantador

Capítulo 6

PROCESSO DE FABRICO

6.1 DESCRIÇÃO DO PROCESSO

A parte de fabrico do nosso projeto inclui o fabrico de quatro barras de ligação, o fabrico de garfos, o fabrico de tabuleiros e o fabrico de patins.

6.1.1 Fabrico de um sistema de ligação de quatro barras

O ângulo L é tomado como quadro fixo e a manivela de comprimento 3,5 cm e a alavanca de comprimento 6 cm são tomadas e fixadas a uma distância de 8 cm no quadro fixo. A biela de 10 cm de comprimento liga a manivela e a alavanca. A biela é prolongada mais 25 cm para manter as plântulas de arroz no campo, como mostra a Figura 6.1.

Figura 6.1 Ligações de quatro barras do transplantador

6.1.2 Fabrico de garfos

Pega-se em aço macio de 30 cm de comprimento, que é dobrado e ranhurado nas extremidades para apanhar as plântulas. O meio da forquilha é perfurado e inserido no eixo, como se mostra na Figura 6.2.

Figura 6.2 Fabrico da forquilha

6.1.3 Fabrico do tabuleiro

A chapa metálica com um comprimento de 30 cm e uma altura de 55 cm é retirada e fixada no ângulo L que se encontra no patim, como se mostra na Figura 6.3.

Figura 6.3 Fabrico do tabuleiro

6.1.4 . Fabrico de skids

O patim é feito de aço macio e o bloco canalizador é fixado nele. O eixo com rodas dentadas é inserido no bloco de canalização.

6.2 . MODELO DE FABRICO

Finalmente, o transplantador é fabricado com sucesso e está pronto a ser utilizado na exploração agrícola. Este facto é mostrado na Figura

Figura 6.4 Modelo de fabrico

Capítulo 7

CÁLCULO ANALÍTICO E SIMULAÇÃO

7.1   IDENTIFICAR OS ELEMENTOS QUE ACTUAM COMO FORÇA

A força actuará principalmente sobre as juntas soldadas e os parafusos roscados.

7.1.1   Juntas soldadas

Uma junta de soldadura é um ponto ou aresta onde duas ou mais peças de metal ou plástico são unidas. As soldaduras de topo são soldaduras em que duas peças de metal a serem unidas estão no mesmo plano. Estes tipos de soldaduras requerem apenas alguma preparação e são utilizados com chapas metálicas finas que podem ser soldadas com um único passe. As juntas soldadas em transplanter são mostradas na figura 7.1.

Figura 7.1 Juntas soldadas

7.1.2   . Fixadores roscados

Um fixador roscado, como mostra a figura 7.2, é uma peça discreta de hardware que possui roscas internas ou externas. São normalmente utilizados para a montagem de várias peças e facilitam a desmontagem. Os tipos mais comuns são o parafuso, a porca e o perno.

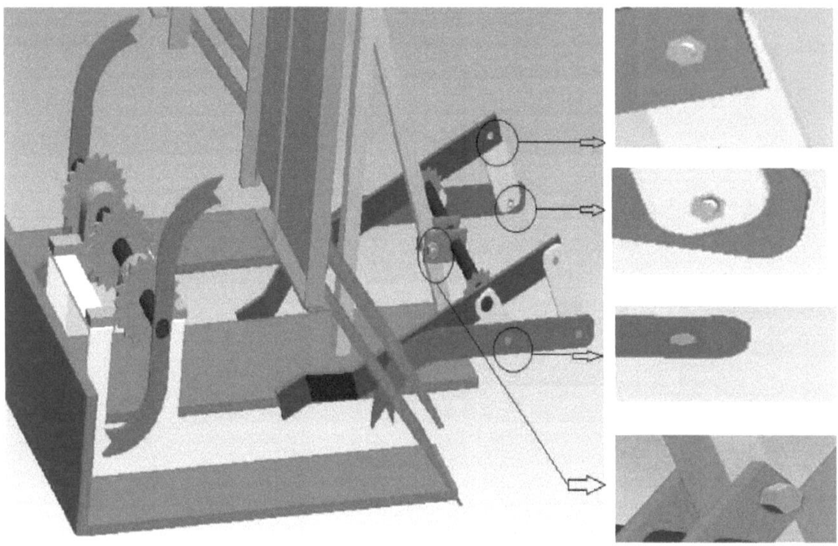

Figura 7.2 Fixadores roscados

7.2 CÁLCULO DA FORÇA

Peso total do transplantador	= 16 kg
	= 16x9.81
	=158.95 N
Peso do arroz no transplantador	= 5 kg
	= 5x9.81
	= 49.05 N
Peso total	= 158.95 + 49.05
	= 208 N
Coeficiente de atrito p	= 0.35
Força necessária F	= pN
	= 0.35x208
F	**= 72 N**

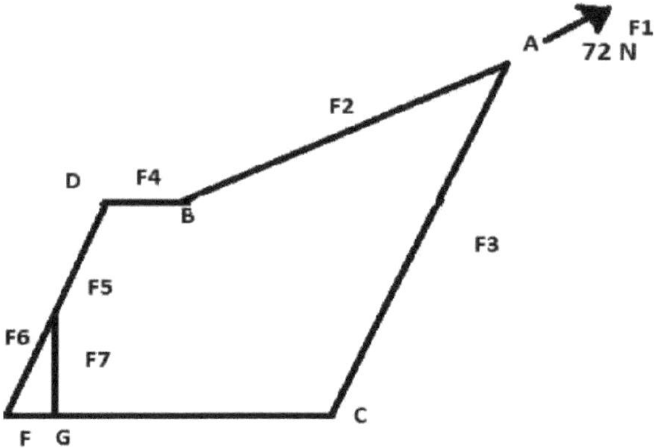

Figura 7.3 Diagrama de corpo livre do pórtico

7.2.1. Cálculo da força utilizando o teorema de Lami

Em estática, o teorema de Lami é uma equação que relaciona as magnitudes de três forças coplanares, concorrentes e não colineares, que mantêm um objeto em equilíbrio estático, com os ângulos diretamente opostos às forças correspondentes. O diagrama de corpo livre de um pórtico é apresentado na figura 7.3. De acordo com

$$\frac{A}{\sin \alpha} = \frac{B}{\sin \beta} = \frac{C}{\sin \gamma}$$

o teorema,

em que A, B e C são as magnitudes de três forças coplanares, concorrentes e não colineares, que mantêm o objeto em equilíbrio estático, e a, p e γ são os ângulos diretamente opostos às forças A, B e C, respetivamente **Considere o ponto A,**

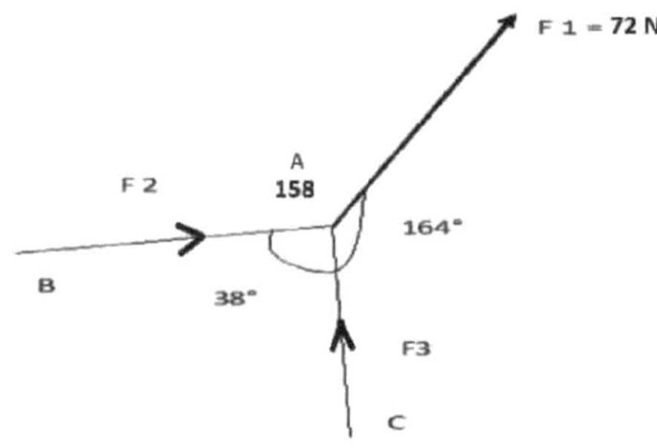

F1/sin38°=   F   2/sin164°=F   3/sin158°

72/ sin38° =F2/sin164°   ;

F2 = 116,94 x sin164°

F2= 32,23 N (tração)

72/ sin38°=   F3/sin158°

F3 = 116,94 x sin158°

F3 = 43,81 N (tração)

Considerar o ponto B,

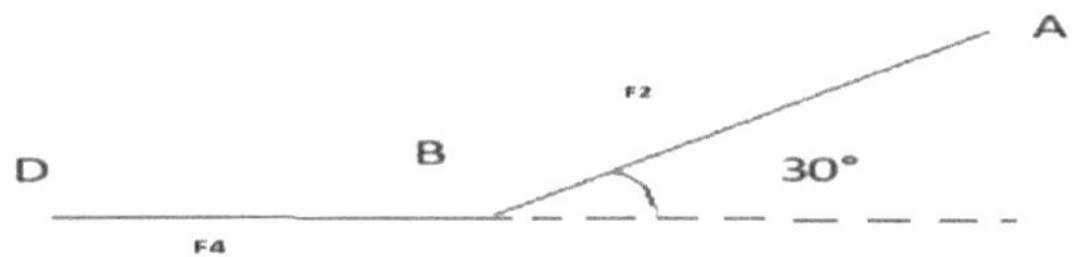

$F_{DB}=$ COS 30° X $_{F2}$

= COS 30° X 32,23

F4 = F_{DB} = 27,92 N

Considerar o ponto D,

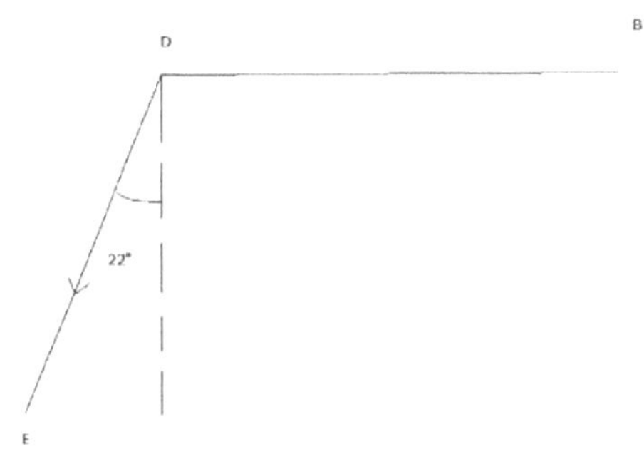

$_{ALIMENTADO}=$ SIN 22° X $_{F4}$

= SIN 22° X 27,92

F 5 ou $_{FED}$ = 10,46 N

Considerar o ponto E,

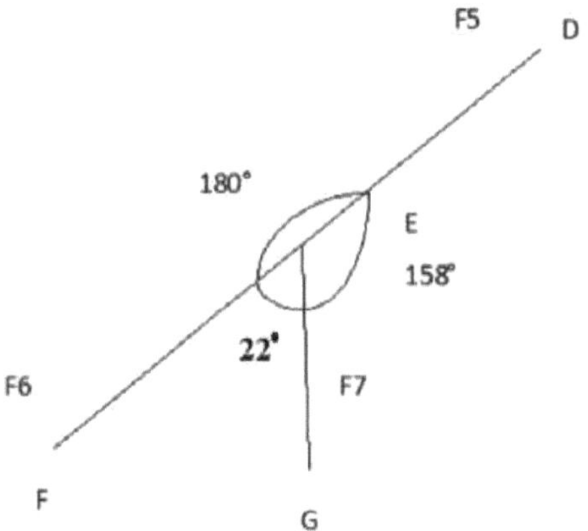

F5/Sin22= F6/Sin158 = F7/Sin180

10.46/Sin22=F6/Sin15   8

  F6   =27   ,92 x Sin 158

  F6   **=10   .46N**

F5/Sin22=F7/Sin180

  F7   =27   .92 X 0

   F7 ou FG   = 0

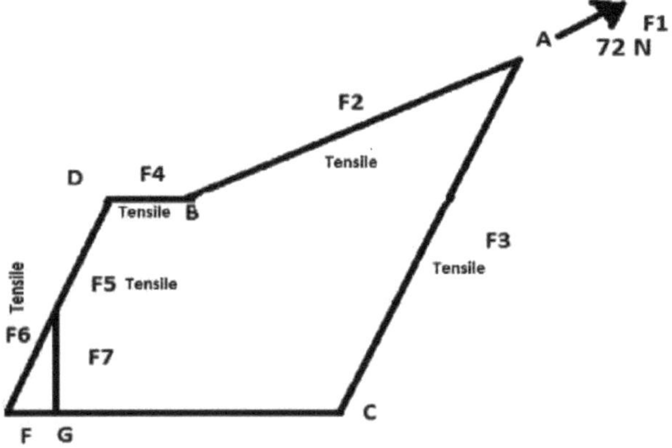

Figura 7.4 Forças resultantes nas barras

Força que actua nos elos

$F_2 \quad = 32.23N$

$F_3 \quad = 43.81N$

$F_4 \quad = 27.92N$

$F_5 \quad =10.46N$

$F_6 \quad =10.46N$

$F_7 \quad = 0$

Agora, para encontrar a Aceleração do Transplanter

$F = ma$

$72 = 21 \times a$

$a = 3{,}5 \ m/s^2$

7.3   AVALIAÇÃO DE PÓRTICOS NO ANSYS

A estrutura é considerada como a primeira parte para efeitos de análise. A resistência da estrutura é avaliada através da aplicação da força calculada na pega. A base actua como um suporte fixo nesta análise.

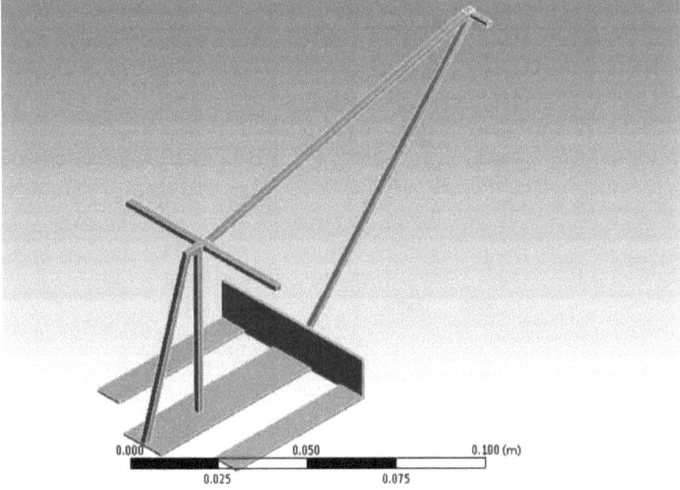

Figura 7.5 Quadro

Iteração 1

Na iteração 1, a força de 72N é dada na pega e a base actua como um suporte fixo na estrutura.

Condição de fronteira

A condição de fronteira do pórtico (iteração 1) é apresentada na figura 7.6

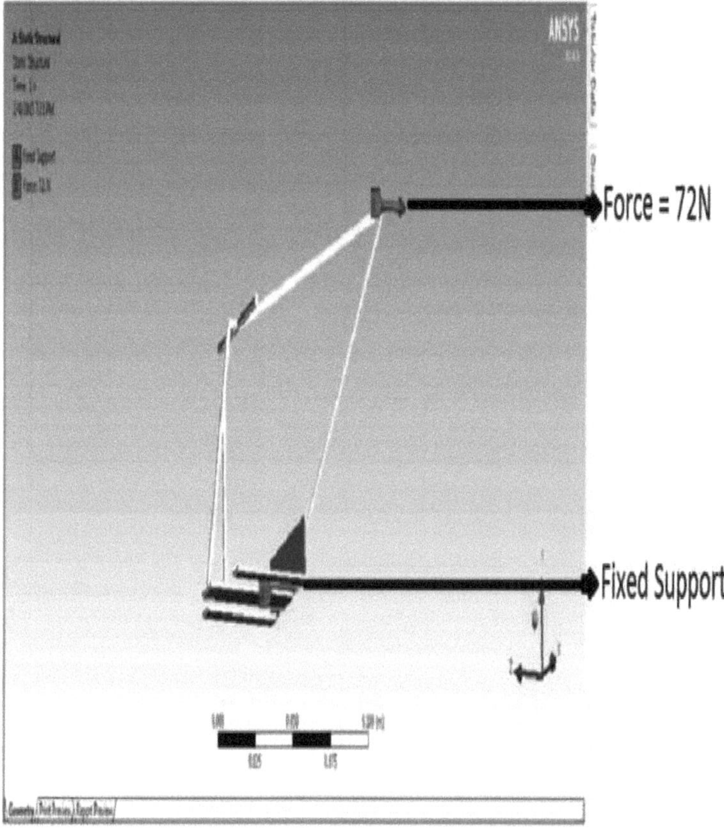

Figura 7.6 Condição de fronteira do pórtico 1

Deformação

A deformação do pórtico (iteração 1) é apresentada na figura 7.7

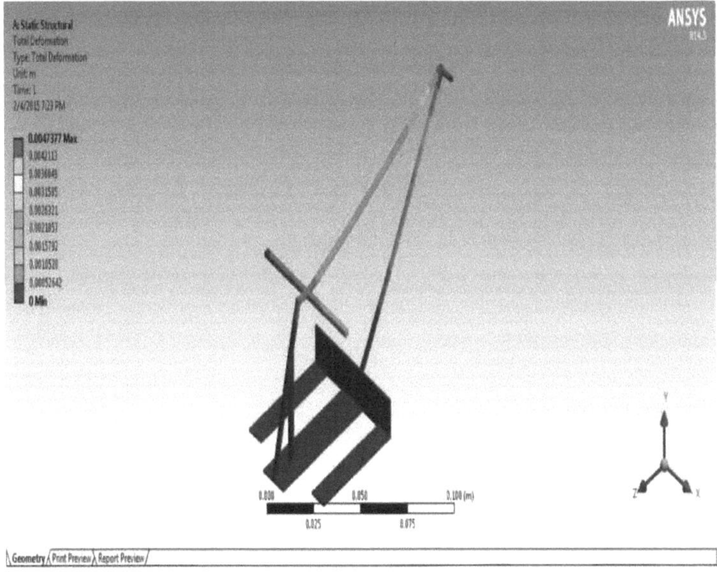

Figura 7.7 Deformação do pórtico 1

A tensão do pórtico (iteração 1) é apresentada na figura 7.8

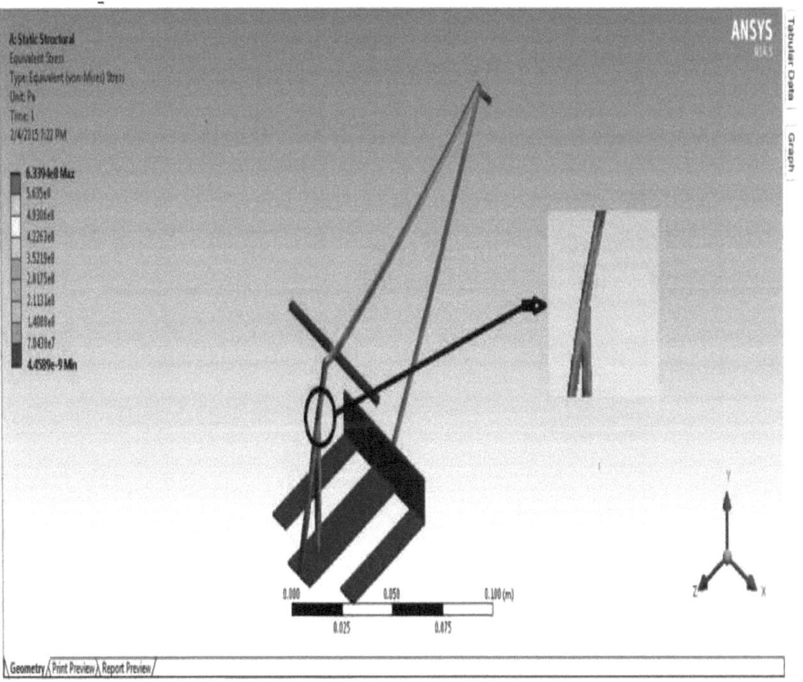

Da análise

Tensão, $\qquad$ a=6 ,339e8 Pa

$\qquad$ o $\qquad$ =6 ,339 x 10_8 N/ m2(1Pa= 1N/m2)

$\qquad$ a $\qquad$ =6 ,339 x 10^8 x 10^{-6} N/mm^2

Tensão de trabalho $\qquad$ **a=633 ,9 N/ mm^2**

Tensão admissível= $\qquad$ **550 N/ mm^2 DB 1.18**

Tensão de trabalho > Tensão admissível

A nossa **conceção não é segura.**

Iteração 2

Para a nossa conceção, o fator de segurança não é bom. Podemos tentar qualquer outra conceção na estrutura para que esta seja segura. Por isso, incluímos mais um apoio na estrutura, para obter um FOS ótimo.

Condição de fronteira

A condição de fronteira do pórtico (iteração 2) é apresentada na figura 7.9

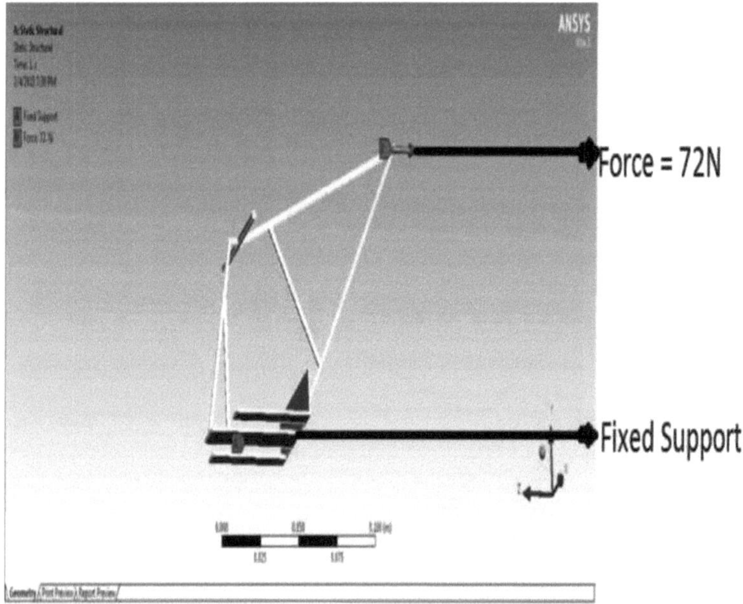

Figura 7.9 Condição de fronteira do pórtico 2

Deformação

A deformação do pórtico (iteração 2) é apresentada na figura 7.10

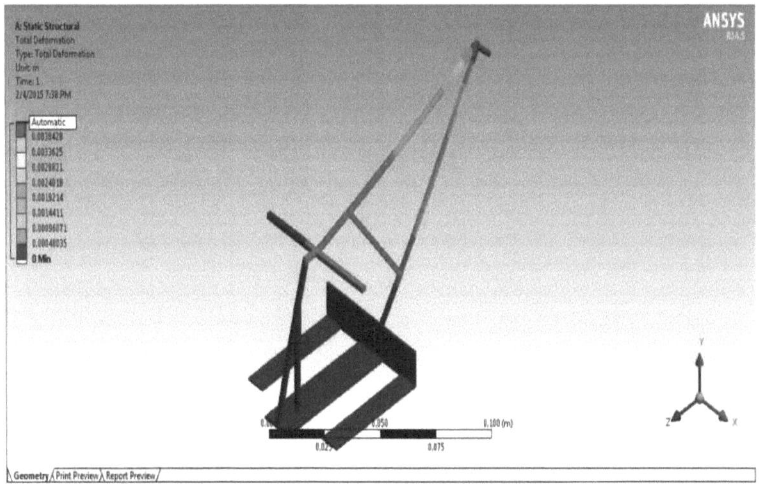

Figura 7.10 Deformação do pórtico 2

A tensão que actua no pórtico é mostrada na figura 7.11

Figura 7.11 Análise de tensões no pórtico 2

Tensão, $\qquad o = 5{,}608e^8$ Pa

$$= 5{,}608 \times 10^8 \text{ N/ m}^2$$

$$= 5{,}608 \times 10^8 \times 10^{-6} \text{ N/mm}^2$$

Tensão de funcionamento=   **560,8 N/ mm^2**

Tensão admissível = 550 N/ mm^2

Tensão de trabalho > Tensão admissível

Iteração 3

Para a nossa conceção, o fator de segurança não é bom. Podemos tentar qualquer outra conceção na estrutura para que a estrutura seja segura. Assim, podemos alterar a posição do apoio para obter um FOS ótimo.

Condição de fronteira:

A condição de fronteira do pórtico (Iteração 3) é apresentada na figura 7.12

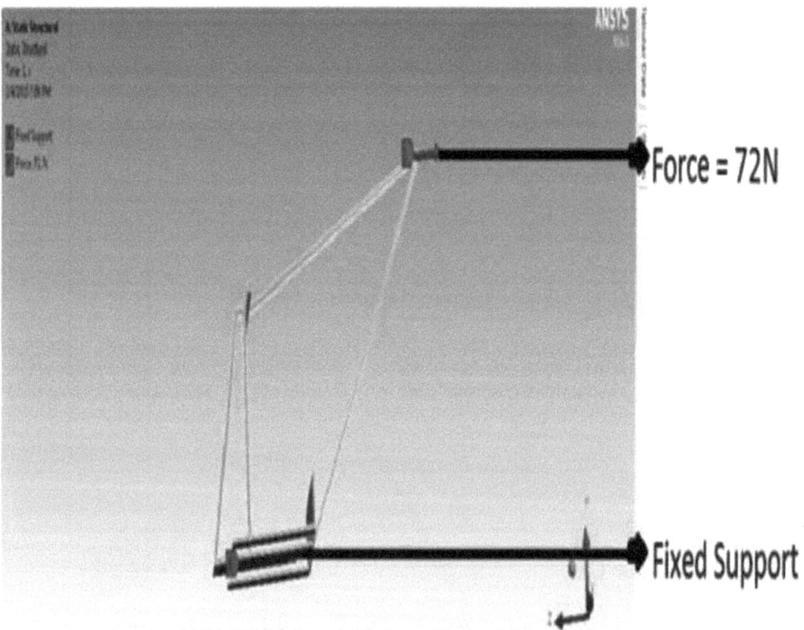

Figura 7.12 Condição de fronteira no pórtico 3

Deformação:

A deformação do pórtico (Iteração 3) é apresentada na figura 7.13

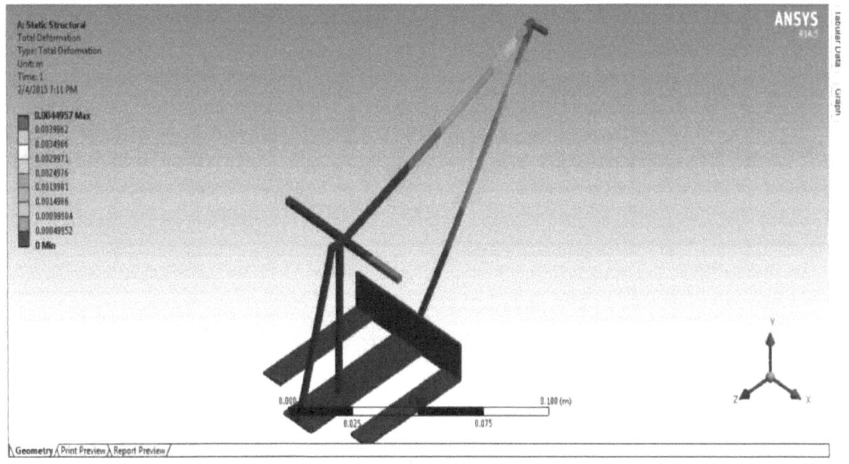

Figura 7.13 Deformação no pórtico 3

Stress:

A tensão atuante no pórtico (Iteração 3) é apresentada na figura 7.14

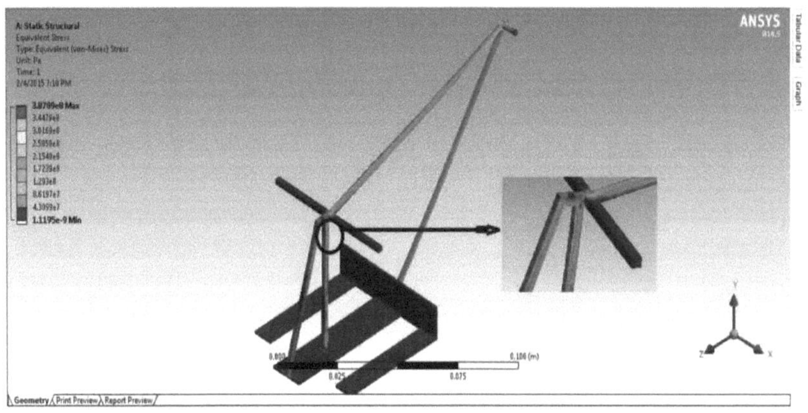

Figura 7.14 Análise de tensões no pórtico 3

Stress	$o = 3{,}8789e^8$ Pa
	$= 3{,}8789 \times 10^8 \times 10^{-6}$ N/ mm^2
Stress no trabalho	$= \mathbf{387{,}89}$ **N/ mm^2**

Tensão admissível	$= 550 \text{ N/ mm}^2$
Fator de segurança	= (Tensão admissível/Tensão de trabalho) = 550/387.89
Fator de segurança	**= 1.42**

Por conseguinte, a **conceção é segura**.

Tabela 7.1 Comparação de tensão e deformação

Iteração	Deformação (mm)	Tensão admissível (N/ mm $)^2$	Tensão de trabalho (N/ mm $)^2$	Observações
1	4.7	550	633.9	A conceção não é segura
2	4.6	550	560.8	A conceção não é segura
3	4.4	550	387.89	O design é seguro

7.4 AVALIAR A BIFURCAÇÃO NO ANSYS:

A forquilha, que desempenha um papel importante na recolha das plântulas de arroz do tabuleiro, é analisada através da aplicação de uma força de 10N na extremidade da forquilha. A velocidade de rotação foi dada ao eixo e o bloco de canalização é o suporte fixo para a análise.

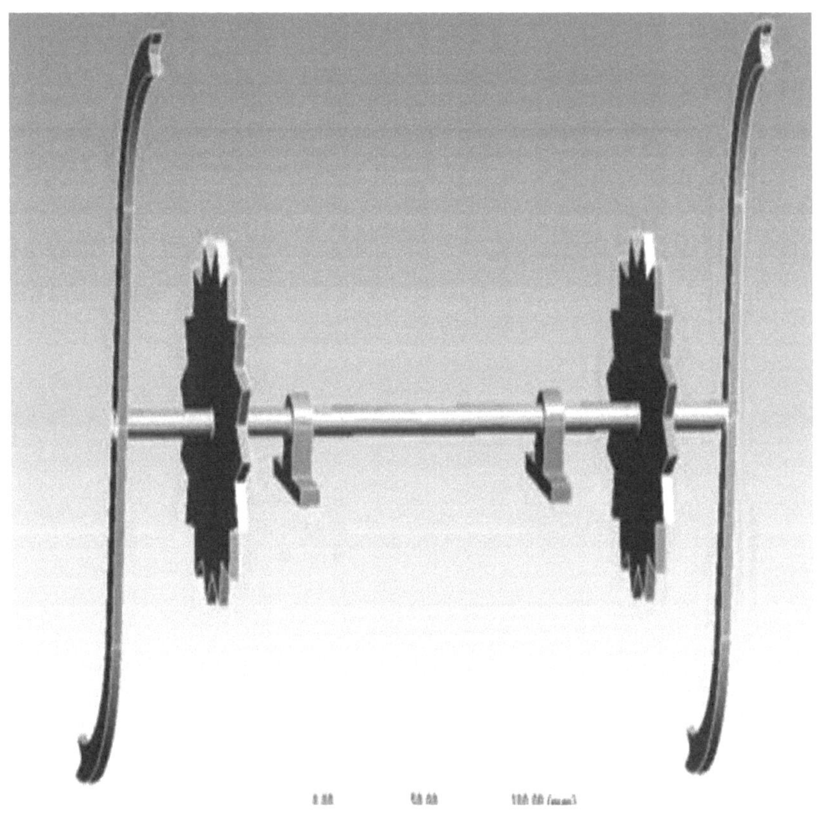

Figura 7.15 Forquilha

Cálculo da velocidade de rotação:

Velocidade de rotação do veio = 55rpm

Para converter rpm em rad/seg.

Velocidade de rotação=   (55/60) x 2n

                    = 5,75 rad/s

A condição de fronteira do garfo é mostrada na figura 7.16

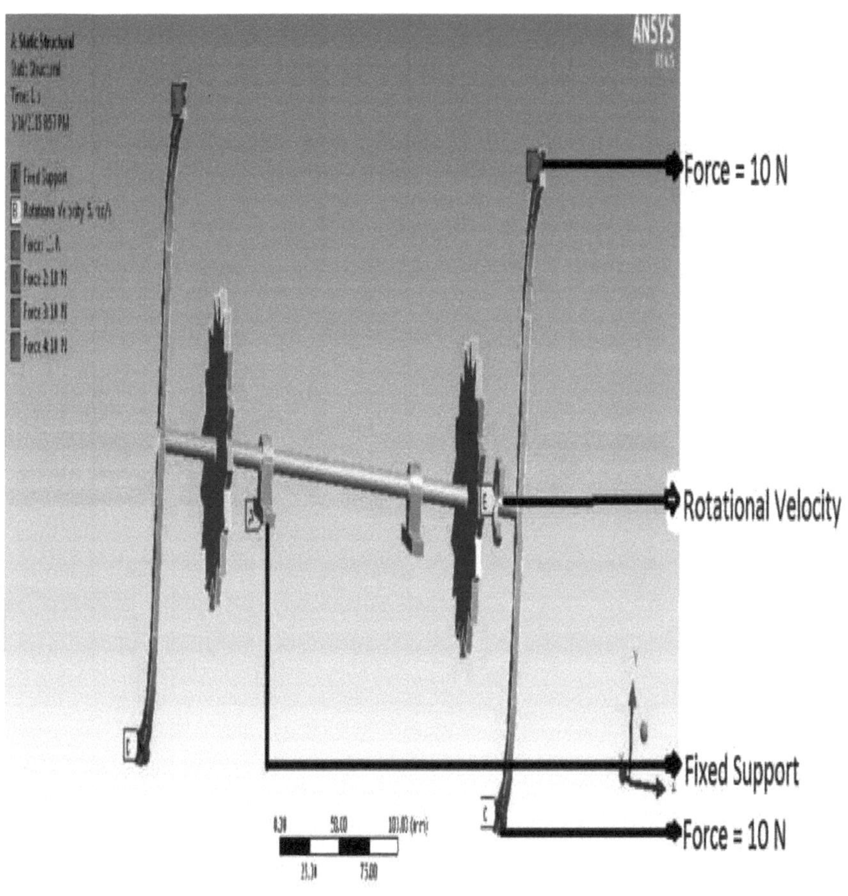

Figura 7.16 Condição de fronteira da forquilha

Deformação

A deformação da forquilha é mostrada na figura 7.17

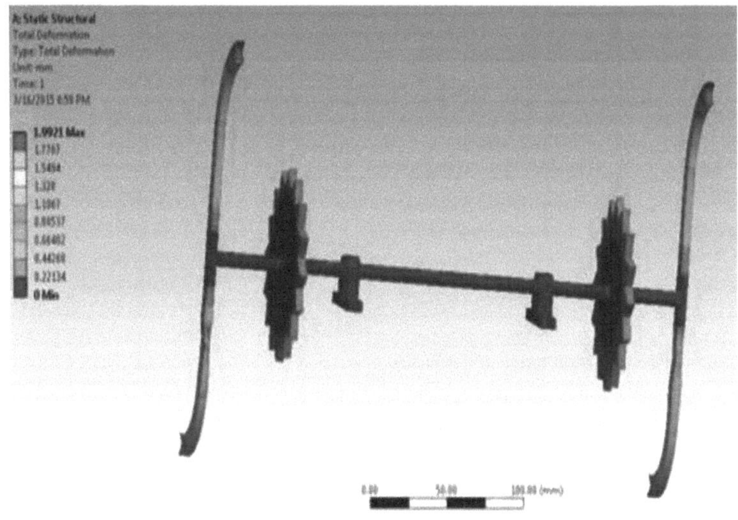

Figura 7.17 Deformação do garfo

A tensão que actua na forquilha é mostrada na figura 7.18

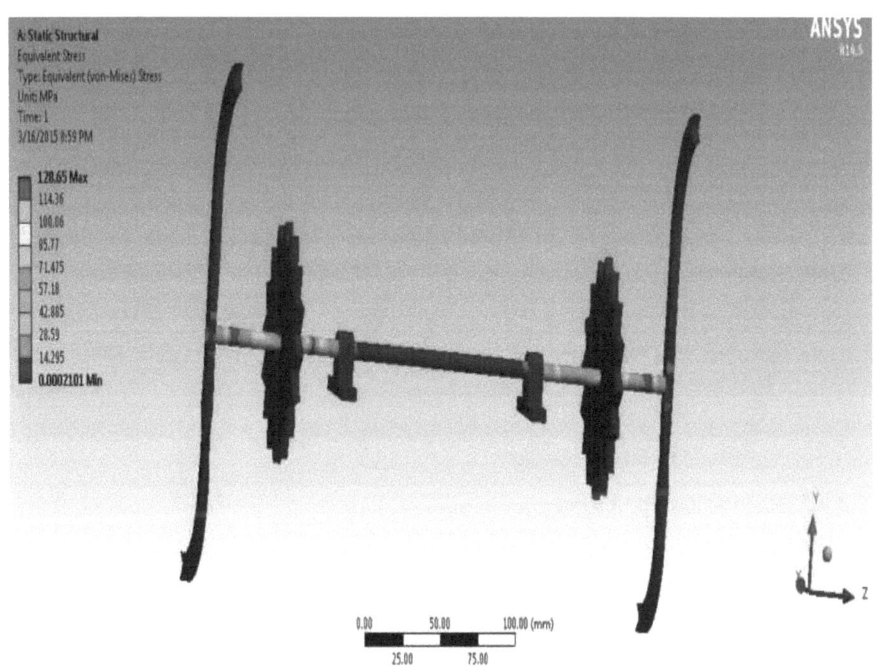

Figura 7.18 Tensão do garfo

Tensão, $o = 128,7\text{MPa}$

$$= 128,7 \times 10^6 \text{ N/ m}^2$$

$$= 128,7 \times 10^{-6} \times 10^{-6} \text{ N/mm}^2$$

Tensão de funcionamento=   128,7 N/mm²

Tensão admissível = 550 N/ mm²

Fator de segurança = (tensão admissível/tensão de trabalho)

$$= 550/128.7$$

Fator de segurança = 4,27

Por conseguinte, a **conceção é segura**.

7.5   AVALIAR A LIGAÇÃO DE QUATRO BARRAS NO ANSYS:

A força de 5N é aplicada na extremidade da biela para colocar a muda de arroz perfeitamente da base para a terra. A força de rotação é inicialmente dada pelas mãos ao eixo fixado na extremidade da forquilha e é transmitida ao eixo traseiro. A velocidade de rotação é dada à manivela pelo eixo traseiro. Quando a manivela dá uma volta, a alavanca oscila de um lado para o outro para colocar as mudas de arroz numa posição vertical perfeita. A análise do elo de quatro barras foi efectuada.

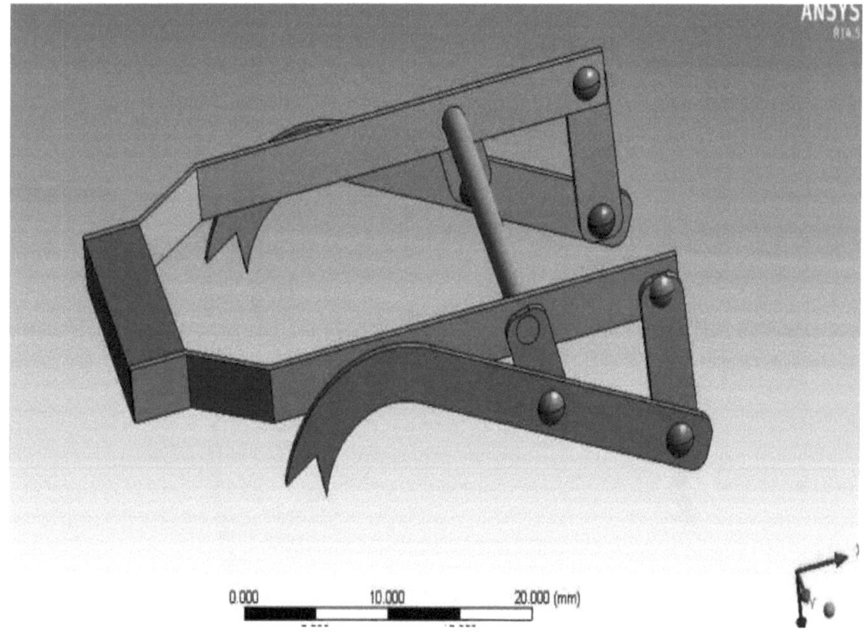

Figura 7.19 Engate de quatro barras

Condição de fronteira

A condição de fronteira da ligação de quatro barras é mostrada na figura 7.20

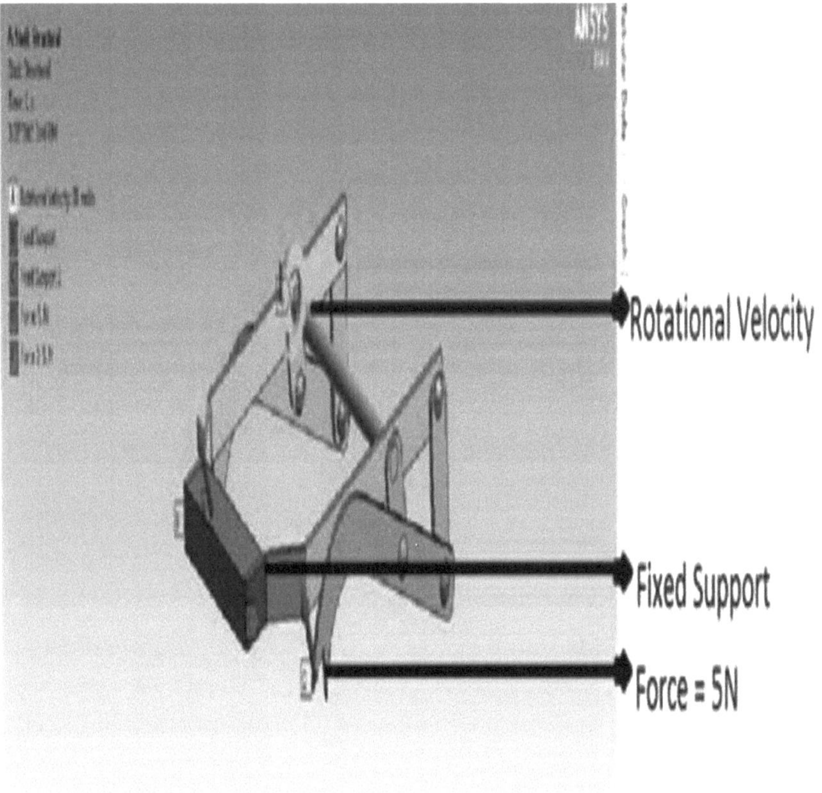

Figura 7.20 Condição de fronteira da ligação de quatro barras

Deformação

A deformação do elo de quatro barras é mostrada na figura 7.21

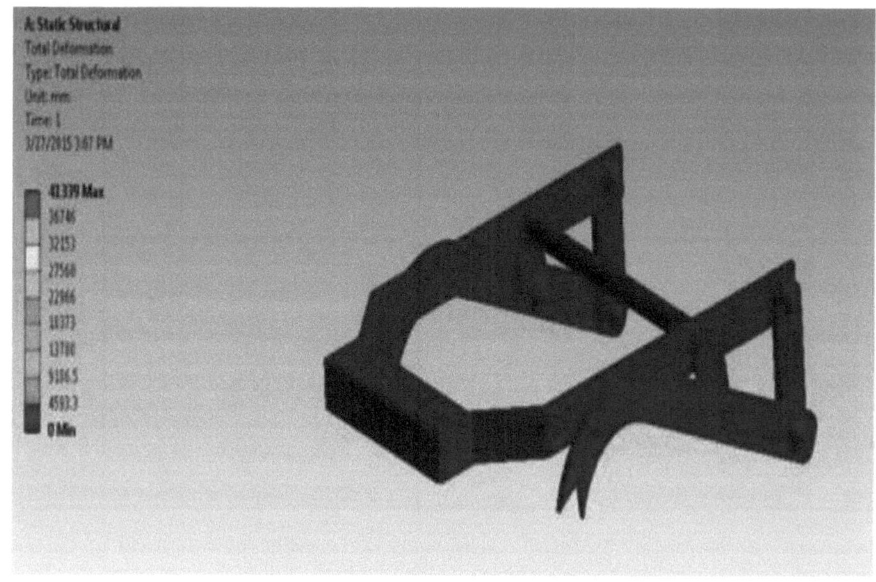

Figura 7.21 Deformação da ligação de quatro barras

Stress

A tensão que actua na ligação de quatro barras é mostrada na figura 7.22

Figura 7.22 Tensão na ligação de quatro barras

Stress,	$\sigma = 153,25\text{MPa}$
	$= 153,25 \times 10^6 \text{ N/ m}^2$ $= 153,25 \times 10^{-6} \times 10^{-6} \text{ N/mm}^2$
Stress no trabalho	$= \mathbf{153,25 \ N/mm^2}$
Tensão admissível	$= \mathbf{550 \ N/ mm^2}$
Fator de segurança	$= (\text{Tensão admissível/Tensão de trabalho})$ $= 550/153.25$
Fator de segurança	$= \mathbf{3.58}$

Por conseguinte, a **conceção é segura**.

Capítulo 8

RESULTADOS E DISCUSSÃO

Depois de analisar o transplanter no ansys workbench, a posição da estrutura de suporte foi alterada para obter a otimização para obter o design ideal para fabricar o transplanter a baixo custo com menos matérias-primas. Normalmente, o peso dos transplantadores é superior a 20 kg, pelo que a força de tração será normalmente superior a 120N. Assim, reduzimos o peso para 15,5 kg, de modo a que a força de tração do transplantador seja reduzida para 72N. O preço do transplantador existente é superior a Rs.12.000. Fabricámos o modelo à escala e podemos fazê-lo em Rs.3000 e colocá-lo no mercado para benefício dos agricultores.

8.1 VANTAGENS

As vantagens da utilização deste transplantador são as seguintes

- Reduz ao máximo o esforço humano.

- Conceção simples em comparação com o modelo existente.

- Fácil de reparar pelos próprios agricultores e a manutenção é menor.

- A força de tração é muito reduzida, diminuindo o peso do modelo.

8.2 LIMITAÇÕES

Embora tenhamos muitas vantagens, temos algumas limitações

- O transplantador só pode funcionar continuamente durante 4-5 horas.

- As pessoas saudáveis só podem puxar o transplantador.

CONCLUSÃO E PERSPECTIVAS DE FUTURO

CONCLUSÃO

Atualmente, os campos agrícolas estão a decair devido à indisponibilidade de mão de obra humana. Se esta ideia for implementada na exploração agrícola, o próprio proprietário do terreno pode plantar as suas mudas de arroz no terreno a tempo, em vez de esperar pelo trabalho humano. A enorme quantidade de dinheiro que é investida na plantação de arroz pode ser reduzida e a área agrícola pode ser aumentada. Uma vez que este projeto é uma aplicação em tempo real que tende a ajudar os agricultores e a reduzir o seu trabalho a um certo nível, este projeto irá em breve encontrar o seu lugar no terreno.

FUTURAS MELHORIAS

O futuro é o passo em frente do passado. No futuro, este projeto pode sofrer muitas alterações, como um sistema automático ou semi-automático com um motor que funciona a uma velocidade constante ligado ao eixo em vez de dar movimento à mão através de rodas dentadas.

REFERÊNCIAS

Arafa, G.K Ebaid U.T. e El-Gendy H.A., "Development of local machine for transplanting", Journal of Process Engineering Vol.26, pp.343-358, 2009.

Abbas Hemmat , Orang Taki "Comparison of compaction and puddling as pre-planting soil preparation for mechanized rice transplanting in very gravelly Calcisols in central Iran" Soil & Tillage Research 70 (2003) 65-72

Bala Ibrahim e Wan Ishak Wan Ismail "Desenvolvimento de um sistema de intensificação do arroz (SRI) com transplantador de arroz" Asian Journal of Agricultural Sciences 6(2): 48-53, 2014

Baqui A. e Latin R M, "Human energy expenditure in manually operated rice transplanter", Journal of Agril. Mechanization in Asia, Africa and Latin America Vol. 14(1), pp14-16 1982., Africa and Latin America Vol. 19(1):pp. 27-34, 2004.

Edathiparambil Vareed Thomas "Development of a mechanism for transplanting rice seedlings" Mechanism and Machine Theory 37 (2002), pp 395-410

Girish Kamat, Gaurav Hoshing, Anand Pawar, Ajinkya Lokhande, P.P. Patunkar e S.S. Hatawalane "Síntese e análise de um mecanismo planar ajustável de quatro barras" International Journal of Advanced Mechanical Engineering. ISSN 2250-3234 Volume 4, Número 3 (2014), pp. 263-268

Goel A C. e Verma K S, "Comparative study of directly seeding and transplanted rice", Journal of Indian J. Agril. Research Vol. 34(3), pp.194-196, 2000.

Henning T. S0gaard; Claus G. S0rensen "A Model for Optimal Selection of Machinery Sizes within the Farm Machinery System" Biosystems Engineering (2004), Vol.89(1): pp. 13-28

Jagvir dixit , j. N. Khan, "Comparative field evaluation of self-propelled paddy transplanter with hand transplanting in valley lands of kashmir region" agricultural mechanization in Asia, Africa, and Latin America 2011 Vol.42 no.2.

Khan A S. e Gunkel, W W, "Design and development of a 6-row Korean transplanter", Journal of Agril. Mechanization in Asia,Africa and Latin America (2004), Vol. 19(1): pp. 27-34.

Mohammad Ali Hormozi, Mohammad Amin Asoodar, Abbas Abdeshahi "Impacto da mecanização na eficiência técnica: A case study of rice farmers in Iran" Procedia Economics and Finance 1 (2012) 176 - 185.

P.u. Shahare and Mugdha r. Bhat "Performance evaluation of semi automatic two row rice transplanter" International Journal of Agricultural Engineering, Vol. 4 No. 1 (April, 2011) : 103 -105.

Prabhu T.J "Design of Transmission Element", pp.5.1-5.22, 2011.

Rajvir Yadav, Mital Patel, S.P. Shukla e S. Pund "Ergonomic Evaluation Of Manually Operated Six- Row Paddy Transplanter" International Agricultural Engineering Journal 2007, 16(3-4):147-157.

R.P. Murumkar, U.R. Dongarwar, D.S. Phad, B.Y. Borkar e P.S. Pisalkar Dr. Panjabrao Deshmukh Krishi Vidyapeeth, Akola (M.S.) "Teste de desempenho do transplantador de arroz autopropulsado de quatro linhas" International Journal of Science, Environment ISSN 2278-3687 (O) and Technology, Vol. 3, No 6, 2014, 2015 - 2019.

16. Singh G, Sharma T R. e Bock hop C W., "Field performance evaluation of a manual rice transplanter", Journal of Agril. Engg Research Vol. 32, Issue 3, pp. 259-268, 1985.

S.N.Vasudevan, Basangouda, Rakesh C. Mathad, S. R. Doddagoudar, e N. M. Shakuntala "Standardization of Seedling Characteristics for Paddy Transplanter" Journal of Advanced Agricultural Technologies Vol. 1, No. 2, dezembro de 2014.

Syedul, Md., Baque M A. e Ahmed D B, "Modification test and evaluation of manually operated transplanter for low land paddy", Journal of Agril Mechanization in Asia, Africa and Latin America (2000), Vol. 31(2): pp. 33-37.

Tasaka, K.A., Ogura Karahashi, M., "Development of hydroponic raising and transplanting technology for mat type rice seedlings", Journal of Raising test of seedlings Vol. 58, pp 89-99, 1996.

Tripathi S K., Jena H K. e Panda P. K. "Self-propelled rice transplanter for economizing labour", Indian Farming, 54: 23 -25, 2004.

I want morebooks!

Buy your books fast and straightforward online - at one of world's fastest growing online book stores! Environmentally sound due to Print-on-Demand technologies.

Buy your books online at
www.morebooks.shop

Compre os seus livros mais rápido e diretamente na internet, em uma das livrarias on-line com o maior crescimento no mundo! Produção que protege o meio ambiente através das tecnologias de impressão sob demanda.

Compre os seus livros on-line em
www.morebooks.shop

Printed by Books on Demand GmbH, Norderstedt / Germany